管翅式换热设备高效强化
传热的理论与实验研究

王 煜 著

西安电子科技大学出版社

内 容 简 介

本书以工业中广泛应用的管翅式气体换热设备为研究对象，围绕着提高其性能、实现高效低阻的目的，分别从管外翅片改进、强化换热管以及换热器流路的综合设计 3 个途径着手，展开了换热设备高效强化传热的理论和实验的研究。

本书结合作者的部分研究成果，以及在相关科研实践中的体会和经验，系统地介绍了热量传递的强化方法、基本概念、模型推导、数值实施以及发展现状，并配以具体的案例，以帮助读者快速掌握相关知识。

本书面向高等院校和科研单位的研究生、工程技术人员和研究人员，可以作为能源、机械、数学、物理、力学、材料等大类专业的课程教材或参考用书。

图书在版编目(CIP)数据

管翅式换热设备高效强化传热的理论与实验研究/ 王煜著 . —西安：西安电子科技大学出版社，2020.4

ISBN 978 - 7 - 5606 - 5585 - 7

Ⅰ. ① 管… Ⅱ. ① 王… Ⅲ. ① 换热器—研究 Ⅳ. ① TK172

中国版本图书馆 CIP 数据核字(2020)第 019143 号

策划编辑	戚文艳
责任编辑	买永莲
出版发行	西安电子科技大学出版社(西安市太白南路 2 号)
电　　话	(029)88242885　88201467　　邮　编　710071
网　　址	www.xduph.com　　　　电子邮箱　xdupfxb001@163.com
经　　销	新华书店
印刷单位	陕西天意印务有限责任公司
版　　次	2020 年 4 月第 1 版　2020 年 4 月第 1 次印刷
开　　本	787 毫米×1092 毫米　1/16　印张　12
字　　数	256 千字
印　　数	1～1000 册
定　　价	30.00 元

ISBN 978 - 7 - 5606 - 5585 - 7/TK

XDUP 5887001 - 1

* * * 如有印装问题可调换 * * *

前　言

随着传统化石能源的日益枯竭和人类社会对能源的需求越来越大，在发展新能源的同时，提高传统能源使用效率，走"低碳经济"的发展之路成为必然的选择。而换热设备作为热量传递的关键部件，在现代工业中有着广泛的应用，例如应用于能源动力、石油化工、暖通空调、航空航天、电子器件冷却等工业领域。因此，提升换热设备的性能，对于提高能源的使用效率有着重要的意义。

本书以工业应用相当广泛的管翅式气体换热设备为研究对象，围绕着提高性能、实现高效低阻的目的，分别从管外翅片改进、强化换热管以及换热器流路的综合设计 3 个途径着手，展开了换热设备高效强化传热技术的理论和实验研究。首先，将遗传算法与数值模拟相结合，对含有多个未知参数的换热设备进行参数优化分析设计，获得初步的优化结构参数和运行参数；其次，针对管外翅片侧的换热性能进行强化换热研究，包括在稳态流动条件下新型强化换热翅片的开发和数值模拟，在脉动流动条件下强化换热元件的流动传热性能评价及机理分析，以及在余热利用时波动流动情况下工业上常用 H 形翅片流动换热性能的分析；再次，针对管内侧的换热性能进行强化研究，开发并实验研究了新型强化换热管；最后，在翅片侧和管内侧研究的基础上，对管排的流路布置开展了优化设计研究，开发了组合管径换热设备的流路设计程序和相应的计算软件，并应用所开发的软件对现有的 5 排 90 根管和 2 排 64 根管的两种冷凝换热器流路进行了优化设计，为最终实现换热设备的综合性能优化打下了基础。具体研究工作如下：

(1) 将遗传算法与数值模拟相结合，对管翅式气体换热器的结构和运行参数展开了优化设计，获得初步的优化结果，为后期的进一步优化和新元件的开发奠定了基础。本书针对简化的二维开缝翅片，采用遗传算法与数值模拟相结合的优化方法进行了设计计算，以换热性能提高的比例 (j/j_0) 与流动阻力增加的比例 (f/f_0) 之比 $(j/j_0)/(f/f_0)$ 这一综合性能指标作为优化目标时，优化设计的结果与作为基准的平直翅片相比，换热 j 因子相对增强了 229.22%，阻力

f 因子相对增大了 196.30%，综合性能 (j/f) 相对提高了 11.11%。以 (j/j_0) 为优化目标时，优化设计的结果与平直翅片相比，换热 j 因子相对增强了 479.08%。

(2) 从管外翅片侧的强化换热着手，设计出了 X 形纵向涡发生器的新型强化换热翅片，揭示了新型纵向涡发生器布置形式对管翅式换热器流动与换热性能的影响机理。数值模拟分析了所提出的 4 种具有 X 形纵向涡发生器的管翅式换热器的流动与换热性能，并应用以节能为目标的强化传热综合性能评价准则，对所提出的 4 种 X 形纵向涡发生器与通常采用的"向上流"和"向下流"纵向涡发生器布置形式进行了分析。与目前广泛使用的波纹翅片相比，新型 X 形纵向涡发生器具有更好的换热和流动性能，符合高效低阻强化换热的要求。其中，X 形交叉点位于管心的布置形式综合性能最好。

(3) 在管外翅片侧稳态强化换热研究的基础上，对安装有纵向涡发生器的矩形通道在非稳态脉动流动下的换热和阻力特性进行了研究，分析了纵向涡发生器在非稳态下的流动和换热机理，并进行了综合性能的评价分析。在脉动流动下，不同的脉动周期和脉动幅度均会对换热和阻力性能产生影响。根据数值计算结果，在不同幅度和周期的脉动流动下，纵向涡发生器通道内换热性能的提高均大于阻力的增加。研究表明，将脉动流动与纵向涡发生器相结合，可以进一步改善速度场、温度梯度场和压力梯度场之间的协同性，使换热性能得到进一步提高，而阻力增加不大，实现了高效低阻的强化换热。

(4) 在管外翅片侧非稳态强化换热研究的基础上，针对余热烟气利用过程中烟气流量的波动性问题，选取常用的烟气换热器——H 形翅片换热器为研究对象，研究了波动流动对 H 形翅片换热器换热性能和阻力特性影响的机理。通过数值模拟对波动的时均速度、波动幅度和波动周期 3 个主要参数进行分析，结果表明换热性能 Nu 数和阻力特性 Eu 数随时均速度的增大分别呈指数增加和减小。随着波动幅度变大，Nu 数和 Eu 数可以分为 3 个不同的阶段，即换热快速下降而阻力缓慢上升阶段、换热缓慢下降而阻力快速上升阶段以及换热和阻力均下降阶段。波动的周期长度对 Nu 数和 Eu 数的影响非常小，可以忽略不计。在大量计算的基础上，获得了关联有波动时均 Re 数和无量纲波动幅度的换热及阻力多参数关联式。

(5) 随着管外翅片侧强化换热性能研究的深入，为了进一步提高管翅式换热器的整体性能,需要同时对管外侧和管内侧的换热性能进行强化。针对管内强化传热,提出了 4 种不同结构(顺排外凸圆球形和叉排外凸圆球形,顺排内凹椭球形和顺排内凹圆球形)的新型丁胞强化换热管,并对其进行了实验研究,获得了新型丁胞强化管的换热与流动综合性能及实验关联式。在改建和完善原有的强化换热管性能测试实验台的基础上,对顺排外凸圆球形丁胞强化换热管和叉排外凸圆球形丁胞强化换热管及顺排内凹椭球形丁胞强化换热管和圆球形丁胞强化换热管进行了实验研究和分析。实验结果表明,丁胞型强化换热管具有更好的流动换热综合特性,尤其是内凹的椭球形丁胞管,换热性能的强化最大,同时阻力提高得最小,综合性能最好。

(6)在强化管外侧和管内侧换热研究的基础上,针对管排的流路布置开展了优化设计研究,开发了组合管径换热设备的流路设计程序和相应的计算软件,通过换热设备的流路的优化设计,实现换热器整体高效的目的。建立了管翅式换热器流路计算模型,实现了不同流路的计算,开发了相应的流路设计软件。以两个实际应用的空调换热器流路设计为例,分别对 5 排 90 根管和 2 排 64 根管的冷凝器,在结构参数和运行参数不变的情况下进行了流路的优化设计。经过流路优化设计后,换热量基本不变,而压降阻力明显降低,实现了高效低阻的目的。同时,通过对实际流路的优化计算,验证了本书提出的流路优化 5 项原则,即重力原则、逆流原则、逆向导热原则、均匀热流及压降原则。

鉴于作者水平所限,书中难免存在疏漏,敬请广大读者指正(Email:yu-wang@nwpu.edu.cn)。

著 者

2019 年 10 月

主要符号表

A	换热面积$/m^2$
A_c	最小流通面积$/m^2$
A_u	速度的无量纲波动幅度
c_p	比热容$/kJ \cdot kg^{-1} \cdot K^{-1}$
d	换热管内径$/m$
D	换热管外径$/m$
D_h	水力直径$/m$
e	换热管壁厚$/m$
E	熵$/J \cdot K$
Eu	欧拉数
f	阻力系数
F_p	翅片间距$/m$
F_t	翅片厚度$/m$
F_1, F_2	适应度函数
j	传热因子
h	传热系数$/W \cdot m^{-2} \cdot K^{-1}$，丁胞突起高度$/m$
H_i	开缝翅片条缝高度$/m$
L	翅片长度，强化管管长$/m$
L_i	开缝翅片条缝宽度$/m$
N	种群数，管排数
N_s	熵产数
NTU	传热单元数
Nu	努塞尔数
p	压力$/Pa$，丁胞间距$/m$
Δp	压差$/Pa$
P	润湿周长$/m$
P_c, P_m	交叉概率，变异概率
Pr	普朗特数
q	热流密度$/W \cdot m^{-2}$
q_m	质量流量$/kg \cdot s^{-1}$
q_V	体积流量$/m^3 \cdot s^{-1}$

Q	换热量/W
Re	雷诺数
S'	熵产率/J・K^{-1}
S_1，S_2	横向管间距，纵向管间距/m
St	斯坦顿数
T	温度/K
ΔT	温差/K
T_u	速度的波动周期/s
u	流体速度/m・s^{-1}
u_m	最小截面平均速度/m・s^{-1}
u，v，w	x，y，z 方向速度分量
$\boldsymbol{U}$	速度矢量
W_R	变量 R 的不确定度
x，y，z	物理空间上的坐标系

希腊字母：

α	速度-逆压力梯度协同角/°
δ	翅片厚度/m
ε	换热器效能数
η	效能因子
θ	速度-温度梯度协同角/°
λ	导热系数/W・m^{-1}・K^{-1}
μ	动力黏度/Pa・s
ν	运动黏度/m^2・s^{-1}
ρ	密度/kg・m^{-3}
Φ	圆球丁胞直径/m
Φ_1，Φ_2	椭球丁胞长轴长度/m，短轴长度/m

下标：

m	平均值
f	翅片
in	进口
max	最大
min	最小
out	出口
s	稳态，壳侧
t	瞬态，管侧
w	壁面

目　录

第1章 绪 论

1.1 研究背景及意义

能源是人类生存与经济发展的物质基础之一，随着世界经济持续高速地发展，能源短缺问题愈来愈显露，能源供需矛盾日益突出。当前世界能源消费以化石资源为主，但是按目前的世界能源消耗量，石油、天然气最多只能维持不到半个世纪，煤炭也只能维持一二百年。因此，包括中国在内的世界各国都在提高能源使用效率、开发可再生能源方面展开了大量探索和实践[1]。尤其是自2008年世界金融危机以来，各能源消费大国都在通过立法或政策方式鼓励节能产品的研发。

在中国实现现代化的进程中，能源始终是一个重大的战略问题[2]。20世纪70年代末实行改革开放以来，中国的能源事业取得了长足发展。目前，中国已成为世界上最大的能源生产国和消费国。《BP世界能源统计年鉴》[3]显示：2012年，全球的一次能源消费增长1.8倍，中国和印度占到总增长量的近90%。中国的一次能源消费总量自2010年超过美国成为世界最大的能源消费国后，已经连续多年居第一位。全球主要能源消费国家的一次能源消费总量自1965年至2011的变化情况如图1-1所示。

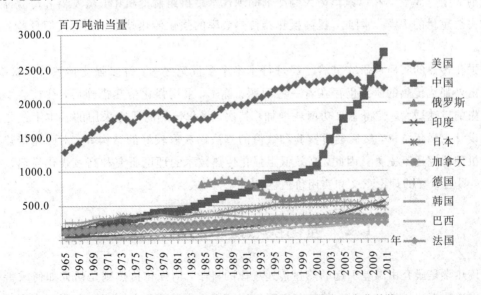

图1-1 世界主要能源消费国的一次能源消费水平变化趋势

虽然中国的能源消费量占到世界总量的20%以上，同时中国的GDP总量也超过了日本，成为了仅次于美国的世界第二大经济体(除欧盟外)。但是中国的单位GDP能耗却远高于美国、日本等发达国家，甚至比一些发展中国家还要高。可见，中国的能源消费存在着巨大的节能潜力。要向"低碳经济"的发展模式转型，势必要改变现在落后的能源消费模式，大力进行技术革新，研发和推广先进的节能技术与设备，提高能源利用效率。这也是全世界所面临和要解决的问题。

在我国能源形势严峻、能源利用技术还不发达的基本国情下，政府制定了多项节能和技术创新方面的政策并作为导向。早在 20 世纪 80 年代初，国家就提出了"开发与节约并举，把节约放在首位"的发展方针。2006 年，中国政府发布《国务院关于加强节能工作的决定》。2007 年，发布《节能减排综合性工作方案》，全面部署了工业、建筑、交通等重点领域节能工作。2010 年，通过实施"十大节能工程"，推动燃煤工业锅炉（窑炉）改造、余热余压利用、电机系统节能、建筑节能、绿色照明、政府机构节能，形成 3.4 亿吨标准煤的节能能力；同年，通过开展"千家企业节能行动"，重点企业生产综合能耗等指标大幅下降，节约能源 1.5 亿吨标准煤。"十一五"期间，单位国内生产总值能耗下降了 19.1%。

2011 年，中国政府发布了《"十二五"节能减排综合性工作方案》[4]，提出"十二五"期间节能减排的主要目标和重点工作，把降低能源强度、减少主要污染物排放总量、合理控制能源消费总量工作有机结合起来，形成"倒逼机制"，推动经济结构战略性调整，优化产业结构和布局，强化工业、建筑、交通运输、公共机构以及城乡建设和消费领域用能管理，全面建设资源节约型和环境友好型社会。

节能降耗离不开换热技术的进步和应用。在石油化工、能源动力等行业中，换热设备的投资大约占到设备总投资的 30%～40%；在海水淡化的装备中，换热设备所占投资比例更高；在制冷机组中，蒸发器的重量要占到总重量的 30%～40%，其动力消耗约占到总消耗量的 20%～30%，在以氟里昂为制冷剂的现代水冷机组制冷机中，蒸发器和冷凝器的重量约占总重量的 70%。因此，提高换热器传热效率的强化传热技术，成为人们日益关注的问题。

强化传热的实质性研究虽然已经进行了半个多世纪之久，许多强化传热技术被提出，但国内外强化传热的研究仍存在着一些问题：首先，采用强化传热措施后，往往会引起阻力损失的迅速增大，使得总泵功消耗增加；其次，强化传热的研究采用的基本上还是通过经验设计出强化结构，然后通过实验和数值的方法以获取较好的结构等，对强化传热和减阻的机理研究还不完善。因此，高效低阻强化传热技术的理论研究和高效强化换热设备的开发，具有重要的理论意义和实用价值。

1.2　强化换热技术的研究进展

传热学是研究由温差引起的热量传递规律的科学，而强化传热则是研究如何改善和提高热传递速率的科学[5]。强化传热的主要目标可概括为以下几个方面：① 提高换热器的总体换热性能；② 降低换热器的流动阻力损失；③ 减小换热面积和设备加工成本；④ 减少热量的耗散和不可逆损失。[6]

最早关于强化传热的公开文献为焦耳在 1861 年发表的关于冷凝器水侧换热强化的实验报告[7]。然而，在此后的百年间，这方面的研究进展比较缓慢，公开发表的文献和研究报告也很少。自 20 世纪 60 年代后，面对能源严重短缺的问题，强化传热技术开始蓬勃发展，越来越多的研究者致力于强化传热的研究，大量相关的公开文献和专利纷纷出现。直至今日，对该方面的研究仍然呈现出繁荣的景象和强大的生命力，并成为传热学研究和发展的一个极其重要的组成部分，对其深入的研究还在不断进行中。

国际著名传热学家 Bergles 在总结传热技术的发展历程时，将其归结为 4 代[8]，纵观其发展的历史，这 4 代技术大致经过了以下几个阶段[9-15]。

(1) 第 1 代传热技术：20 世纪 60 年代以前，研究的重点主要集中于揭示基本传递现象的规律，以光管、光通道为代表。

(2) 第 2 代传热技术：20 世纪 70 年代，由于世界性能源危机的发生，在客观上有力地促进了传热强化技术的发展，传热技术成为国内外传热学界的热门课题，大量文献和实用专利应运而生，以平直翅片、二维粗糙元、二维肋片等为代表。

(3) 第 3 代传热技术：20 世纪 90 年代以来，传热技术以纵向涡发生器、三维粗糙元等为代表，并取得了突出的成绩。

(4) 第 4 代传热技术：本世纪初，Bergles 又提出了复合强化传热技术的概念，该技术是应用两种或两种以上的强化措施来获得更好的强化传热效果，例如，Zimparov[16-17]所研究的波纹管内加纽带插入物的技术、Promvonge[18]等所研究的管内加锥形环和纽带的换热管、Liao[19]等所研究的三维粗糙内表面与纽带插入物相结合的强化换热管。

以上这 4 代强化传热技术都是在理想的洁净流体下提出和应用的，但在实际的工业应用中，流体的成分和流动条件往往是非常复杂的，因此更符合实际应用条件的新型强化换热技术受到越来越多的关注和研究。

近年来，随着生态环境问题的不断加剧，化石能源价格的不断上涨，全世界各个国家都在重新审视能源利用的形式和能源的再利用技术。这是由于很多工业领域内所产生的余热均不能得到有效的重新利用，尤其是工业生产中通过燃料燃烧或化学反应过程产生的低品质的废热能源通常都直接排放到环境中，造成了热污染和能源浪费，进一步加剧了环境和能源问题。热能的再利用是提高能源利用效率、解决有限的自然资源与巨大的能源需求之间的矛盾的一个重要手段。在工业生产中，锅炉、窑炉、烤炉和熔炉都会产生含有大量余热的烟气，如果能够将这些余热进行回收和再次利用，就可以提高化石能源的利用效率，从而节省珍贵的化石能源，减少生产成本。对于工业余热来说，载热烟气在利用过程中通常存在很多共性的问题，比如资源分散、间隙波动、含尘含灰、腐蚀、温限宽广等。当前广泛研究和使用的各种管翅式换热器的翅片形式，由于其结构比较复杂，翅片间距比较紧密，只适合应用于清洁介质的强化换热。近年来，随着制造工业的发展，翅片的结构形式也越来越精密，在余热利用中通常采用 H 形翅片等管翅式换热器。这类翅片形式具有很好的抗磨损和抗积灰特性，这些特性在余热回收时非常重要。西安交通大学何雅玲院士领导的课题组对这类翅片在复杂流动条件下的换热性能和阻力特性进行了研究和分析。同时，余热换热器的强化对流换热机理也是目前国内外研究的热点。

下面对管翅式换热器强化换热技术在管外翅片侧、管内侧和整体流路布置 3 个方面的国内外研究进展进行回顾和综述。

1.2.1 强化换热翅片的研究进展

管翅式气体换热器的应用范围涵盖了能源与动力工程、石油与化学工程、冶金与材料工程等领域,尤其是在供暖、通风、空调和制冷系统中有着大量的应用。对于常用的换热器来说,其总热阻可以分为 3 个部分:气体侧对流换热热阻、管壁的导热热阻和管内工质的对流换热热阻。由于气体的热物性与气体的迎风流速较小等原因,气体侧的对流换热系数一般比较小。因此,强化气体侧的换热能力是提高管翅式换热器整体综合性能的关键。在过去几十年内,各种各样的强化翅片被用来提高管翅式换热器气体侧的换热能力。管外翅片的发展主要经历了 4 代。

1. 第 1 代:平直翅片

平直翅片通过增大管外侧的换热面积来增加管外侧的换热量,其结构简单、易于清洗、可靠性高,如图 1-2 所示。关于平直翅片的较早的研究来自 McQuiston 和 Tree[20],他们对纵向管间距为 17.6 mm、横向管间距为 20.3 mm、管外径为 10.3 mm、翅片间距分别为 1.78 mm 和 3.18 mm 的试件进行了实验研究。Rich[21-23]对 14 种不同的平直翅片进行了详细的实验研究。在之后的研究里,以 McQuiston、Kayansayan、Gray 和 Wang[24-35]等为代表的研究人员对平直翅片做了大量广泛且深入的研究。尤其是在 Wang 的研究中,将现存的关于 74 个平直翅片的实验结果综合起来,得到了近 10 年来很全面的准则关联式。

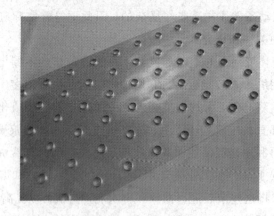

图 1-2 平直翅片

2. 第 2 代:连续异型翅片

在平直翅片上加工出波纹可以增加流体的扰动,在拐弯处形成小涡旋来减薄翅片上的边界层厚度,从而达到强化换热,如图 1-3 所示。Webb、Beecher 和 Fagan[36-37]较早研究了三角形波纹翅片的流动传热特性,对 21 种不同几何结构的波纹翅片进行了实验研究并拟合了关联式。之后 Kim[38]也拟合了一个关联式,但误差较大。Wang[39-44]随后进行了深入且详细的研究，分析了波纹角、翅片间距和管排数等因素对三角形波纹板流动传热特性的影响，并针对不同管径拟合出了精确度较高的关联式。Wang[39] 的研究发现，虽然波纹板翅片能够较大地提升空气侧的换热系数（与平直翅片相比提高了 55%～70%），但是也大幅度增加了空气侧的流动阻力（空气侧压降增加了 66%～140%）。近年来，Tao[45] 对采用椭圆换热器的波纹板翅片换热器进行了数值模拟研究，深入探讨了雷诺数、椭圆管偏心率、翅片厚度、翅片间距及横向管间距对流动换热的影响，并对相关参数进行了优化设计。Cheng[46] 对正弦曲线型的波纹翅片进行了数值模拟研究，对不同的雷诺数下，波纹角度、翅片间距、换热管外径和波纹密度对换热器整体性能的影响进行了详细的分析，发现了一个有趣的现象，在雷诺数较低时，气体侧的努塞尔数随着翅片间距的减小而增大；在雷诺数较高时，气体侧的努塞尔数随着翅片间距的增加而增大。另外，连续异型翅片还包括麻点粗糙翅片等。

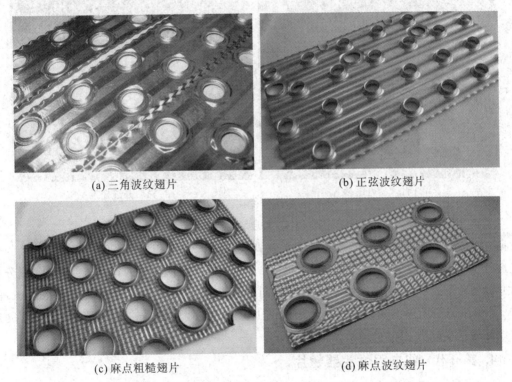

(a) 三角波纹翅片　　　　　　　　　　(b) 正弦波纹翅片

(c) 麻点粗糙翅片　　　　　　　　　　(d) 麻点波纹翅片

图 1-3　连续异型翅片

3. 第 3 代：不连续异型翅片

　　不连续异型翅片又可以称为开缝翅片。根据不同的开缝方式，开缝翅片可分为单侧开缝翅片、双侧开缝翅片、百叶窗开缝翅片以及其他一些特殊的开缝形式，如图 1-4 所示。开缝翅片主要靠切断流体边界层，让主流方向的流动边界层重新发展以强化换热。开缝翅片的结构相对复杂，影响开缝翅片性能的因素较多。Nakayama[47] 较早对开缝翅片进行了实验研究，并拟合出了一个关联式，由于试件较少（只有 3 个），所以实验数据较少，关联式的适用范围有限。Wang[48-49] 和 Du[50] 分别拟合了单向开缝和双向开缝翅片的换热阻力关联式。Wang[51] 对百叶窗翅片进行了实验研究，综合 49 个不同几何形状百叶窗翅片的实验

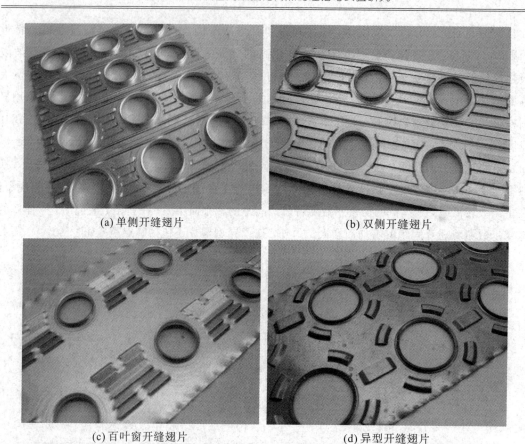

(a) 单侧开缝翅片　　　　　　　　　　(b) 双侧开缝翅片

(c) 百叶窗开缝翅片　　　　　　　　　(d) 异型开缝翅片

图 1-4　不连续异型翅片

数据，拟合出了精度较高的换热和阻力关联式。Wang[52]还对湿工况下的百叶窗翅片的性能进行了实验研究，并拟合了相应的关联式。Qu[53]通过数值模拟的方法研究了"X"形分布的开缝翅片的换热和传热特性，并用场协同原理分析了开缝翅片强化换热的根本机理。Tao[54]在深入分析开缝翅片强化换热的基础上，创造性地应用场协同原理，提出了开缝翅片设计的基本原则，即"前疏后密"原则。

4. 第 4 代：纵向涡发生器翅片

涡产生的原因是由于流动过程中扰流体前后的压差及流体与壁面之间的摩擦分离。根据涡旋转主轴方向的差异，可以将涡分为横向涡与纵向涡。横向涡的旋转主轴方向与主流方向垂直，例如流体横掠圆柱后形成的"卡门涡街"，或流体通过百叶窗翅片后形成的漩涡都是典型的横向涡，属于二维流动。纵向涡的涡量方向与主流方向基本相同或相反，漩涡与主流同时前进，实际流体是以螺旋线的形式流动的，是一种三维流动，如图 1-5 所示。虽然纵向涡发生器翅片其本质也属于不连续的异型翅片，但不同于之前的其他翅片，纵向涡发生器可以使流体产生纵向涡流，其强化传热的机理有着本质的不同。

纵向涡的研究最初始于航空动力学，主要目的是延迟机翼上边界层的脱离，避免由于边界层过早分离而引起的抖振、摇摆和失速等现象。Schubauer 和 Spangenberg[55]研究了将纵向涡用于边界层的控制。目前，很多纵向涡发生器还经常出现在航空航天领域。例如很多先进战斗机上都安装有鸭翼和尾翼，来提升飞机的性能，如图1-6所示。这种鸭翼和尾翼结构就是一种纵向涡发生器，它可以提高飞机在低速情况下的操作性能，减小飞机起飞的最小速度，降低起飞阻力等。

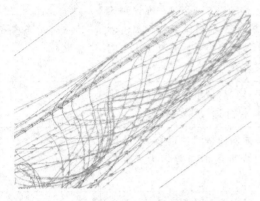

图1-5　纵向涡示意图　　　　　　图1-6　纵向涡发生器在战斗机上的应用

据可查找的文献，Johnson和Joubert[56]在1969年最早将纵向涡发生器应用于强化换热的研究。他们将一对三角形小翼安装在一个直圆柱上，发现局部努塞尔数由于纵向涡加剧了流体的掺混而提高了200%，但总体的换热能力并没有得到较大的改善。

此后，大量学者针对单个纵向涡或纵向涡对的流动和换热机理[57-62]进行了分析和研究，具体参见表1-1。表1-1是对文献中纵向涡流动机理研究的总结。在此基础上，对矩形通道内[63-83]和圆形通道内[84-86]安装纵向涡发生器后的流动和换热性能进行研究，参见表1-2和表1-3。表1-2和表1-3分别总结了文献中矩形通道与圆形通道纵向涡发生器的研究情况和研究结果。最后将各种纵向涡发生器应用于实际换热器中，并对换热性能、流动阻力以及综合性能[87-121]进行研究，参见表1-4。

表1-1　纵向涡流动机理研究

序号	研究学者	研究结构	研究方法	研究结果	文献时间	参考文献
1	Eibeck和Eaton	单个纵向涡	实验研究	在纵向涡引起的下降流区域，换热能力最大提高了25%；而在纵向涡引起的上升流区域，换热能力最大降低了15%，纵向涡的影响延伸至整个测量段，影响距离大约为边界层厚度的100倍	1987	[57]
2	Kataoka	上升流型下降流型	实验研究	纵向涡引起的下降流区域，由于热边界层的减薄，局部换热得到强化；在纵向涡引起的上升流区域，由于热边界层的加厚而导致局部换热能力削弱，但最终的整体效果是换热能力得到强化	1977	[58]

序号	研究学者	研究结构	研究方法	研 究 结 果	文献时间	参考文献
3	Mehta 和 Bradshaw	上升流型	实验研究	流体在两个纵向涡之间朝着远离边界层的方向运动。在这种流动结构下，纵向涡旋有远离流动表面的趋势，同时湍流结构也明显被改变	1988	[59]
4	Pauley 和 Eaton	上升流型下降流型	实验研究	"下降流型"结构加宽了两个纵向涡旋之间边界层的减薄区	1988	[60]
5	Shakaba 和 Mehta	单个纵向涡	实验研究	纵向涡的持续性很强，只有流动边界上的横向剪切力才能削弱它	1985	[61]
6	Shizawa 和 Eaton	单个纵向涡	实验研究	如果在壁面附近纵向涡诱导出的速度方向与边界层的横向速度一致，那么纵向涡就会衰减；如果相反，那么就会产生强烈的横向分离，并且对边界层的扰动将持续	1992	[62]

表 1-2　纵向涡发生器在矩形通道中的研究

序号	研究学者	研究结构	研究方法	研 究 结 果	文献时间	参考文献
1	Fiebig	4种纵向涡发生器	实验研究	当雷诺数为 $1000 < Re < 2000$ 时，与平板边界层流动相比，在矩形通道中的纵向涡可以在较大的攻角下依然保持稳定。纵向涡发生器引起的流动阻力与纵向涡发生器的流向投影面积呈线性关系，与纵向涡的型式和雷诺数无关。就单位纵向涡发生器面积下强化换热能力的比较，三角翼优于三角形小翼，而矩形翼最差	1991	[63]
2	Biswas	三角形小翼	数值模拟	研究了开孔、攻角，以及雷诺数对换热系数和阻力系数的影响。纵向涡发生器攻角为 26℃ 时，换热性能提高了 34%	1992	[64]
3	Tiggelbeck	小翼型纵向涡发生器	实验研究	当两排纵向涡发生器以相同的摆放方式在矩形通道中摆成一排时，第二排纵向涡发生器对第一排纵向涡发生器产生的纵向涡有"放大"作用。第二排纵向涡发生器尾部的局部努塞尔数极值的大小与两排纵向	1992	[65]

续表一

序号	研究学者	研究结构	研究方法	研 究 结 果	文献时间	参考文献
				涡发生器之间的距离密切相关。当两排纵向涡发生器的间隔为通道高度的 7 倍时,第二排纵向涡发生器尾部的局部努塞尔数的极值达到最大,并且这个极值要大于第一排纵向涡发生器尾部的极值		
4	Brockmeier	纵向涡发生器翅片及 4 种常用翅片	数值模拟	与平直翅片相比,在等泵功下完成相同的换热量,纵向涡强化型翅片能够节省 76% 的换热面积,具有最佳的强化换热性能	1993	[66]
5	Tiggelbeck	顺排涡发生器,又排涡发生器	实验研究	顺排布置的纵向涡发生器具有更佳的换热性能	1993	[67]
6	Zhu	4 种纵向涡发生器	数值模拟	纵向涡发生器提升了湍流的动能并强烈扰乱了热边界层,矩形通道的平均换热系数提高了 $16\%\sim19\%$,矩形小翼对具有最佳综合换热性能(j/f)	1993 1993	[68] [69]
7	Tiggelbeck	4 种纵向涡发生器	实验研究	当雷诺数为 $2000 < \mathrm{Re} < 9000$,纵向涡发生器攻角为 $30° < \alpha < 90°$ 时,三角形小翼和矩形小翼比三角形翼和矩形翼具有更好的强化换热能力,一对三角形小翼可以强化换热 $46\%\sim120\%$	1994	[70]
8	Deb	三角形小翼	数值模拟	在层流和湍流情况下的流动换热情况	1995	[71]
9	Fiebig	纵向涡发生器	综述	对纵向涡发生器应用于矩形通道的研究做了一个较为系统的总结	1995	[72]
10	Lau	矩形小翼	实验方法	在高雷诺数的湍流流动下,矩形小翼对矩形通道的流动换热的影响	1995 1999	[73] [76]

续表二

序号	研究学者	研究结构	研究方法	研 究 结 果	文献时间	参考文献
11	Zhu	肋条矩形小翼	数值模拟	在矩形小翼对和肋条的综合作用下，流道的平均努塞尔数提高了450％	1995	[74]
12	Biswas	三角形小翼	实验研究 数值模拟	安装三角形小翼对后，矩形流道内形成复杂的涡旋系，其中包括主涡旋、角涡旋和诱导涡旋，在这些涡旋的共同作用下，矩形流道的换热能力得到极大的改善。当攻角 $\alpha=15°$ 时，拥有最佳的综合换热性能(j/f)	1996	[75]
13	Liou	12种不同的纵向涡发生器	实验研究	对12种纵向涡发生器的换热能力进行了优化，发现二次流的方向和速度是影响强化换热的最主要因素，其次是平均对流速度和湍流动能	2000	[77]
14	Yang	三角形小翼	数值模拟	三角形小翼对矩形通道换热和流动性能的影响	2001	[78]
15	Gentry	三角形小翼	实验研究	矩形通道平均换热能力提高了55％，而相应的流动阻力则增加了100％	2002	[79]
16	Tuh	纵向涡发生器	实验研究	在浮升力驱动下的纵向涡旋在平直通道中的流动特点和温度分布	2003	[80]
17	Hiravennavar	三角形小翼	数值模拟	使用单个三角形小翼时，换热提高了33％；使用一对三角形小翼时，换热提高了67％。随着三角形小翼厚度的增加，平均努塞尔数增加	2007	[81]
18	Sohankar	V形涡发生法	数值模拟	V形纵向涡发生器在矩形通道内的换热强化研究	2007	[82]
19	Wang	4种纵向涡发生器	实验研究	纵向涡发生器在矩形通道内不同布置形式下的流动换热特性，并在不同的标准下比较了不同布置形式性能的差异，工质为水	2007	[83]

表 1 - 3 纵向涡发生器在圆形通道中的研究

序号	研究学者	研究结构	研究方法	研 究 结 果	文献时间	参考文献
1	Li	纵向涡内肋片	实验研究	在管内安装了两种不同宽度的纵向涡内肋片进行可视化实验研究，结果表明 $1000<Re<2000$ 时，涡流强度随着 Re 的增加而增加，涡流持续时间随着 Re 的减小而延长	2007	[84]
2	Sarac	内插纵向涡发生器叶片	实验研究	在管内安装内插纵向涡发生器叶片，在 $5000<Re<30\ 000$ 时，与光管相比，纵向涡强化换热管 Nu 数增加了 $18.1\%\sim163\%$	2007	[85]
3	Kurtbas	纵向涡发生器内插阻流件	实验研究	在管内安装一种新型的圆锥形内插扰流件，研究了锥顶角、开孔个数和开孔方向对换热性能的影响。结果表明，随着 Re 增加，开孔角度增加，开孔直径增加，锥顶角减小，Nu 数下降	2009	[86]

表 1 - 4 纵向涡发生器在换热器中的应用

序号	研究学者	研究结构	研究方法	研 究 结 果	文献时间	参考文献
1	Fiebig	小翼型的纵向涡发生器	实验研究	在顺排布置的管翅式换热器中加装纵向涡发生器之后，换热性能提高了 $55\%\sim65\%$，相应的流动阻力增加了 $20\%\sim45\%$	1993	[87]
2	Biswas	小翼型的纵向涡发生器	数值模拟	研究了其流动结构和换热强化，研究结果表明，换热管尾迹区的换热性能被强化了 240%	1994	[88]
3	Fiebig	纵向涡发生器开缝翅片百叶窗翅片	实验研究	纵向涡强化型翅片具有很大的优势和节能潜力，由于影响纵向涡发生器的参数很多，纵向涡强化型翅片的性能还可以进一步改善	1995	[89]
4	Jacobi	纵向涡发生器	综述	对之前关于纵向涡的研究做了非常完善的综述回顾，指出了纵向涡强化换热的巨大潜力，与传统的强化翅片相比，纵向涡强化型翅片可减小 76% 之多的换热面积，优于传统的强化翅片	1995	[90]

序号	研究学者	研究结构	研究方法	研 究 结 果	文献时间	参考文献
5	Gentry	"下降流型"纵向涡发生器	数值模拟	采用"下降流型"的纵向涡发生器,使纵向涡旋更靠近壁面,更易把主流区域的自由流体输送到温度边界层内	1997	[91]
6	Nakabe	纵向涡发生器机翼	实验研究	使用射流产生的纵向涡旋来强化透平叶片的换热,从而可以使得透平叶片工作在更高的温度下,提高透平的效率	1997 1998	[92]
7	Chen	顺排纵向涡椭圆管换热器	数值模拟	对纵向涡发生器的攻角和长宽比进行了优化,并研究了纵向涡在不同数目和不同摆放形式下对椭圆管翅片式换热器单元性能的影响	1998 1998 2000	[93] [94] [95]
8	Torri 和 Kwak	"上升流型"纵向涡发生器管侧置	实验研究	在 $350 < Re < 2100$,换热管管排数为 3 时,在第一排换热管附近安装一排三角形小翼时与没有采取强化换热措施相比,叉排管束换热器的换热性能被强化了 $10\% \sim 30\%$,流动阻力反而降低了 $34\% \sim 55\%$;顺排管束换热器的换热性能增强了 $10\% \sim 20\%$,流动阻力降低了 $8\% \sim 15\%$。在前两排换热管附近都安装纵向涡发生器时,与只安装一排三角形小翼相比,叉排管束结构的换热性能提高了 $6\% \sim 15\%$,但流动阻力增加了 $61\% \sim 117\%$;顺排管束结构的换热性能提高了 $7\% \sim 9\%$,但同时阻力增加了 $3\% \sim 9\%$	2002 2005	[96] [105]
9	Wang	环形涡发生器	实验研究	研究环形涡发生器对管翅式换热器的影响并提供了可视化的涡旋结构	2002 2002	[97] [98]
10	Wang 和 Ke	三角形小翼扁管换热器	实验研究	研究了三角形小翼对对扁管管翅式换热器的流动和换热性能的影响	2002	[99]
11	Dupont	压印纵向涡发生器	实验研究	当流动在过渡区时($1000 < Re < 5000$),表面光滑的纵向涡发生器在强化换热方面有很好的表现	2003	[100]
12	Smotrys	三角翼开缝翅片	实验研究	研究了三角翼和开缝对翅片的综合作用	2003	[101]

序号	研究学者	研究结构	研究方法	研究结果	文献时间	参考文献
13	Leu	肋条矩形小翼	实验研究数值模拟	在 $400<Re<3000$ 下，当攻角 $\alpha=45°$ 时拥有最佳的强化换热性能，在 $Re=500$ 时可以减小 25% 的换热面积	2004	[102]
14	O'Brien	三角形小翼椭圆管换热器	实验研究	加装一对三角形小翼之后，平均努塞尔数提高了 38%，而对应的流动阻力则增加了 5%～10%	2004	[103]
15	Zhang	纵向涡发生器扁管换热器	实验研究	研究了纵向涡发生器横向间距对扁管管翅式换热器流动换热的影响	2004	[104]
16	O'Brien	三角形小翼	实验研究	研究了三角形小翼对圆管管翅式换热器单元的影响	2005	[106]
17	Pesteei	三角形小翼	实验研究	对三角形小翼对在管翅式换热器中的位置进行了优化，在雷诺数 $Re=2250$ 时，平均努塞尔数提高了 46%	2005	[107]
18	Sommers	三角翼冰箱蒸发器	实验研究	研究了纵向涡发生器在结霜情况下的换热性能，在 $500<Re<1300$ 的范围内，气侧的热阻减小了 35%～42%，空气侧的换热系数从 18～26W/(㎡K) 提高至 33～53W/(㎡K)	2005	[108]
19	Chomdee	三角形小翼电子器件冷却	实验研究	采用三角小翼纵向涡发生器对叉排的电子发热单元进行强化散热研究	2006	[109]
20	Ferrouillat	纵向涡发生器	数值模拟	研究了不同的纵向涡发生在湍流平直通道中的流动和换热情况，并对比了几种湍流模型在模拟纵向涡时的优缺点	2006	[110]
21	Sanders	三角形小翼百叶窗翅片	实验研究	对三角形小翼的攻角、长宽比、摆放方向和形状等参数进行了优化，经过优化，复合型的翅片的换热性能提高了 39%，流动阻力增加了 23%	2006	[111]
22	Allison	"上升流型"三角形小翼扁管换热器	实验研究	把三角形小翼对以"上升流型"的方式布置在扁管管翅式换热器上，与百叶窗翅片换热器相比，换热性能为 87%，流动阻力只有 53%，具有更好的综合性能(j/f)	2007	[112]

续表三

序号	研究学者	研究结构	研究方法	研究结果	文献时间	参考文献
23	Joardar 和 Jacobi	"上升流型"三角形小翼管侧置	数值模拟	对比了不同纵向涡发生器个数、放置方式对流动换热性能的影响。采用一对三角形小翼时，换热性能增强了17.7%，阻力增加了12%；采用叉排布置的三对三角形小翼，换热性能增强了31.8%，阻力增加了33%	2007	[113]
24	Wu 和 Tao	三角形小翼	数值模拟	研究了不同角度的三角形小翼在管翅式换热器中的流动和换热特点，并对纵向涡发生器的相关参数进行了优化	2007	[114]
25	Joardar 和 Jacobi	三角形小翼	实验研究	在 $220<Re<960$ 时，在第1排布置，换热性能提高了16.5%～44%，阻力增加了12%；隔排布置，换热性能增强了29.9%～68.8%，阻力增加了26%～87.5%	2008	[115]
26	Lawson	三角形小翼百叶窗翅片	实验研究	将三角形小翼对应用于百叶窗翅片式换热器的换热和流动特点，换热性能最大增强了47%，相应的流动阻力增加了19%	2008	[116]
27	Zhang	三角形小翼冲压和粘贴	实验研究	研究了三角形小翼分别以冲压和粘贴的方式安装在管翅式换热器时的换热和流动特性的差异	2008	[117]
28	Chu 和 He	三角形小翼椭圆管换热器	数值模拟	对三角形小翼的攻角、摆放位置、换热管管排数等参数进行了优化研究，当纵向涡发生器的攻角 $\alpha=30°$ 时具有最佳的强化换热性能	2008	[118]
29	Chu 和 He	矩形小翼	数值模拟	对矩形小翼对在管排数为7的管翅式换热器中的应用进行了数值模拟研究，并用场协同理论分析了纵向涡强化换热的根本机理	2008	[119]
30	Tian 和 He	三角形小翼波纹翅片	数值模拟	与波纹翅片相比，加装三角形小翼对之后，在雷诺数为3000时，j 和 f 因子分别提高了13.1%和7.0%（叉排），15.4%和10.5%（顺排）	2009	[120]

续表四

序号	研究学者	研究结构	研究方法	研 究 结 果	文献时间	参考文献
31	Lei 和 He	纵向涡发生器	数值模拟	在 $600 < Re < 2600$ 的范围内,当纵向涡发生器的攻角为 20°、长宽比为 2 时,拥有最佳的综合换热性能	2010	[121]

在实际应用中,常见的纵向涡发生器如图 1-7 所示。从左到右依次是三角翼、矩形翼、三角形小翼和矩形小翼,其中三角形小翼和矩形小翼通常是成对使用,不同的布置方式可以形成不同旋转方向的纵向涡对,如图 1-8 所示。

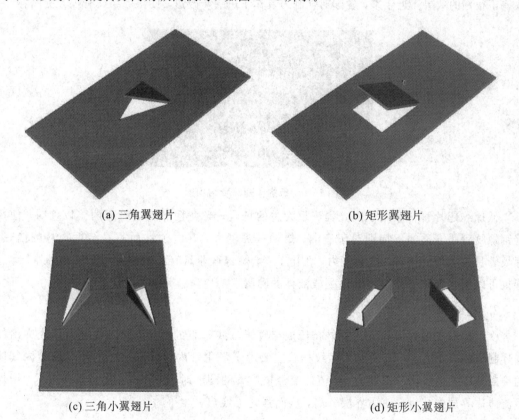

(a) 三角翼翅片   (b) 矩形翼翅片

(c) 三角小翼翅片   (d) 矩形小翼翅片

图 1-7 常用的纵向涡发生器

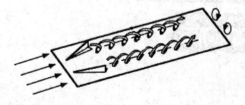 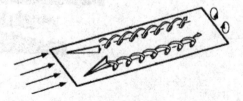

(a) 向下流纵向涡   (b) 向上流纵向涡

图 1-8 常用的纵向涡发生器布置形式

1.2.2　强化换热管的研究进展

管内流动的强化换热主要采用粗糙结构、异型结构和管内加扰流件的措施，其强化换热效果与具体的结构形式有关。目前，常见的结构形式主要有低肋管、槽纹管、波节管、缩放管、扭曲管、加扰流件的强化换热管等，以下具体介绍管内换热强化方面的研究现状。

1. 低螺纹翅片管

低螺纹翅片管(简称螺纹管)是用普通管子通过滚子滚轧而成的，如图1-9所示。1964年兰州石油机械研究所首先用碳钢管轧制成低螺纹管，并用于兰州炼油厂原油与常压换热器，取得了很好的效果。近年来，各国对轧制刀具作了进一步改进，使得效果又有很大提高。

图1-9　低螺纹翅片管结构图

低螺纹翅片管一般用于以壳程热阻为主的场合，当壳程热阻为管程两倍以上时，使用碳钢螺纹管是合适的。特别对于渣油、蜡油等黏度大、有腐蚀性而不易结垢物料的换热，螺纹管具有较好的抗蚀、抗垢能力，在化工、冶炼等行业具有广阔的应用前景。另外，螺纹管也可以用来强化管外蒸汽的冷凝或液体的沸腾[122-123]。

2. 横纹槽管

横纹槽管是通过滚压在光管外挤压成与管子轴线垂直的凹槽，同时管壁内形成突出的圆环制成的，如图1-10所示。横纹槽管主要用于强化管内气体和液体的换热及管内气体的冷凝，其换热强化的机理为：当流体流经横纹槽管的圆环时，在管壁上形成轴向漩涡，增加了流体边界层的扰动，使边界层分离，从而强化了换热。

图1-10　横纹槽管结构图

横纹槽强化换热管是1974年由莫斯科航空学院首先提出的，他们进行了大量实验研究，并给出了换热系数和摩擦系数计算公式[124]。近几十年来，国内也有很多学者对它进行了广泛的研究，目前国内外横槽纹管的研究比较成熟。研究结果表明，在相同的流速下横纹槽管的流阻比单头螺旋槽管要小,传热效果要好,其最佳参数范围为[124]:槽深与管径之比的范围是 $0.03<h/d<0.04$;槽间距与槽深之比的范围是 $10<p/h<25$。横纹槽管已在石油化工、能源动力等换热设备中得到广泛应用,其强化传热的效果与螺旋槽管相似,例如应用于电厂凝汽器,其换热系数比光管提高 $30\%\sim42\%$,可节省受热面 $23\%\sim30\%$;应用于炼油厂原油—渣油换热器,换热系数比光管提高 85%,受热面可节省 46%[125]。

3. 螺旋槽纹管

螺旋槽纹管[126-134]是通过滚压使光管表面形成螺旋凹槽,同时在管内表面相应成型为螺旋凸肋的一种强化换热管,如图 1-11 所示。其换热强化的机理为:流体在管内流动时,沿螺旋槽运动产生局部二次流,有利于减薄边界层的厚度,同时还有一部分流体沿着轴向运动,产生漩涡引起边界层分离,从而强化了管内换热。

(a) 单螺旋槽纹管   (b) 双螺旋槽纹管

图 1-11 螺旋槽纹管结构图

世界上最早采用螺旋槽纹管换热器的是 1971 年美国通用油品公司,他们采用螺旋槽纹管制作了电厂蒸汽透平机乏汽冷凝器,该换热器的总传热系数比普通光管换热器提高了 43%。之后,国内外对该强化传热管进行了广泛深入的研究,结果表明螺旋槽纹管的强化传热效果较好,但其阻力的增加也较大。目前,螺旋槽纹管广泛应用于石油化工换热设备和工业锅炉中,如将电厂中将凝汽器原有光管改用螺旋槽纹管后,换热系数可提高 $40\%\sim50\%$;将螺旋槽纹管应用于炼油厂原油—渣油换热器,其换热系数提高了 $112\%\sim115\%$;将螺旋槽纹管应用于压缩机排气冷却,可使换热系数提高 300%[125]。

4. 波节管

波节管是一种新型、高效的强化换热管。它与光管的区别在于其纵截面有周期性变化的波节,如图 1-12 所示。由此具有传热效率高、不易结垢及热补偿能力强等优点。其流道形状是强化传热的关键,波节管的流道由相互交替变化的直管段和弧形管段组成。波节管周期性直段和弧形段的存在,使得管内流体流动十分复杂,从而通过改变流体流动状态来改善波节管的强化传热性能。

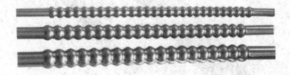

图 1-12 波节管结构图

在波节管中，当流道扩张时，流速降低，静压增加；当流道缩小时，流速升高，静压降低。波节管能显著强化管内传热，与光滑直管相比，平均传热系数可以提高 2.4～3.3 倍。随着雷诺数的增加，波节管相对于直管的强化传热倍数也逐渐减小。这是因为随着管内湍流进一步发展，直管和波节管内都出现了大量剧烈的旋涡，这些旋涡不断冲刷管壁，使得边界层减薄，热阻减小，此时边界层对直管和波节管传热性能的影响已相差不大。在其他参数不变的情况下，周期长度和波峰处直径的变化均会对波节管的传热效果有较大影响，而固定周期内改变直管段与弧形管段的长度比对其强化效果影响不大[135]。

5. 波纹管

波纹管[124,136-138]是不锈钢管用管内扩胀的方法将管子加工成内外均呈连续波纹曲线的强化传热管，如图 1-13 所示。其换热强化的机理为：在波纹管的波峰处，流体速度降低，静压增加；在波纹管的波谷处，流速增加，静压降低，周期性的变化增加了流体的扰动，促使湍流产生，从而增强了传热。

图 1-13　波纹管结构图

早在 20 世纪 70 年代就有人提出把波纹管作为换热管用在管壳式换热器上，但其真正进入实用是在 20 世纪 90 年代。由于其换热效果好，具有良好的弹性及自除垢功能，近年来在化工、电力、能源等领域得到了广泛的应用。另外，将波纹管应用于管壳式换热器中，其壳程的换热能力也可以得到增强。因而，波纹管具有很好的发展前景。

6. 缩放管

缩放管[139-142]由依次交替的收缩段和扩展段组成，如图 1-14 所示。其换热强化的机理为：在收缩段中，流体速度增加，静压减小；在扩展段中，流体速度降低，静压增大。周期性的变化增加了流体的扰动，促使湍流产生，从而增强了换热。由于曲面的过渡比较光滑，缩放管与其他强化管（如横纹管、内螺纹管等）相比，在高 Re 数下流阻较小。该强化换热管可用于油冷却器、冷凝器和空气预热器等多种换热器，尤其适合于低压气体和流体污秽的场合。

图 1-14　缩放管结构图

7. 螺旋扭曲扁管

螺旋扭曲扁管是由普通圆管压扁后扭曲而成的，截面为椭圆形，可根据实际需要压制成不同截面、不同压扁程度和不同螺距的换热管，为了便于管子与管板连接，螺旋扭曲扁管两端应保持为圆形。图 1-15 为螺旋扭曲扁管结构图。

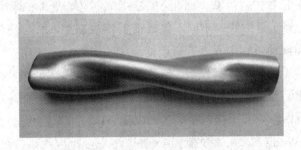

图 1-15　螺旋扁管结构图

在螺旋扭曲扁管管内流体的流动方式呈螺旋状，容易产生垂直于主流方向的二次流，由于管内流体二次流的存在使得流体在温度梯度较大的径向产生混合，有利于流体速度场及温度梯度场在主流区的均匀化，使得壁面处的温度梯度增大，从而实现传热过程的强化，但同时流动阻力也增加。就污垢方面而言，流体介质流经扭曲扁管时，离心力一方面强化了污垢微粒沉积于管壁的输运、黏附作用，但同时也增强了流体对管壁上污垢的剥蚀作用[143]。

8. 内部安装扰流件强化换热管

采用插入物可以强化换热管内单相流体换热，对强化气体、高黏度流体均有很好的效果。国外从 1896 年就开始研究和应用管内插入物的强化传热，目前常见的插入物主要有扭带、螺旋线圈等。管内插入扭带可使管内流体产生旋转并引起二次流，促进径向混合，从而强化传热；螺旋线圈则能间歇破坏流体的边界层，使边界层减薄，从而强化换热。

采用插入物的强化管不仅强化换热，而且起到清除污垢的作用。该强化换热措施最大的优势是适合旧换热器的改造设计，可避免额外增加换热器，同时加工制造方便，使得投资大大节省。但管内扰流件使流体阻力增加较多，因此，寻求阻力尽量低而换热又能强化的结构形式，是管内插入物强化管发展的方向。

1.2.3 换热器流路设计研究进展

从管翅式换热器的研究进展可以看出，以往的研究多集中在翅片和换热管的结构以及寻找更高效、更环保的制冷剂上，这些研究取得了很好的强化换热效果。但在换热强化的第 3 个措施，即增大传热温差方面，研究还不是很多。因为人们通常认为当高、低温介质一定时，传热平均温差就随之而定了。事实上，通过流路布置改善传热温差的分布对换热性能的影响是不可忽略的。

前苏联学者 CAвищки И. К. 用数学模拟的方法研究了车辆上使用的多排数（3～14 排）空冷冷凝器，在顺流、逆流、横交叉流、直通交叉流、具有汇流管的横交叉、顺逆混合流等

6种管组方式下空冷冷凝器的性能[144]。研究结果表明：管组布置方式对传热有着很大的影响，逆流布置比顺流布置方式有着更好的传热性能，叉流介于顺流、逆流之间，逆流连接方式的优越性随着并联分路数的增加而增加。当分路数为14排，冷凝量为665 kg/h时，使用叉排需要14排，而使用逆流仅需7排，减少面积50%。当分路数小于6排时，冷凝一定量的氟利昂，使用逆流方式也可减少面积10%～20%。文献[144]认为管路布置方式对传热性能有影响，是因为布置方式的不同不但改变了传热温差，而且使制冷剂流路中的各通路受热不均匀程度和流动不均匀程度有所改变。

电子计算机和计算技术的迅猛发展，使传热问题越来越多地由实验转向数值模拟，而且取得了很好的效果。数值模拟可以节省人力、物力和大量的时间，并且更容易控制影响因素的变化，排除外界环境的干扰，可以方便快捷地总结出规律和结论。

Liang S. Y. 和 Wong T. N. 在文献[145]中，将㶲分析应用于换热器管路布置研究中，对"Z"字形、"双进单出""单进双出""单-双-单"这几种两排管冷凝器的布置方式进行了数值模拟和分析，认为在给定条件下，当选择合适的分合点之后，"单-双-单"要比简单的"Z"字形布置节省约5%的面积。通过对"Z"字形流路的模拟发现，在过热段和过冷段，压降和传热系数都比较小，因此强化传热应集中在这两个区域；两相区的传热性能很好而压降也很大，所以在两相区采取双路布置以减小流速，降低压降。单相区采取单路布置，以强化传热。这就演化成"单-双-单"布置方式。近年来，流路布置也引起了国内学者的注意。

Wang C. C. 和 Jang J. Y. 等对几种管路布置方式进行了实验研究[146]，其中包括"Z"字形、"U"字形、"双进双出"等8种双排管冷凝器流路布置。实验结果表明，逆流"U"字形是最好的布置方式。作者观察到在这些布置中不可避免地出现了翅片间的逆向导热，影响了换热器性能。为消除逆向导热，作者建议在两排管中间开缝。"双进双出"布置中，作者观察到在两路管路中，流动并不均匀，当一路完全冷凝时，另一路仍处于两相区。

浙江大学的张绍志等研究了流路布置对非共沸制冷剂空冷冷凝器性能的影响[147]。通过对"U"字形顺流、逆流，"Z"字形等6种双排管冷凝器流路布置的数值模拟研究，作者给出了制冷剂质量流速分别为100 kg/(m²s)、200 kg/(m²s)和300 kg/(m²s)时，6种流路布置所对应的传热管长度。"U"字形逆流布置所需的换热管长度最短（即换热面积最小），"Z"字形布置居中，而"U"字形顺流布置所需换热管最长。对应于3种质量流量，6种流路布置中最佳布置与最差布置的换热管长度差别分别达3.4%、4.3%、5.1%。所以作者认为，冷凝器流路布置对性能有一定的影响，尤其是在制冷剂质量流量较大时影响比较大。

西安交通大学的何雅玲院士课题组提出换热器流路优化布置和设计可依据的5大原则，即：场协同原理、等热流密度原则、纯逆流原则、减少翅片间的逆向导热原则以及重力作用影响原则[148]。依据此5大原则设计的换热器流路，具有好的高效低阻效果，并获得了发明专利。该课题组成员郭进军基于传热单元数法，分别对翅片管冷凝器和蒸发器建立了相应的数值仿真模型。对于干工况，采用传热单元数法；对于湿工况，采用了湿球温度效率法，分别计算了"Z"字形、"U"字形、顺流、逆流、"双进单出"、"单-双-单"以及"双进双出"等 7 种不同的流路布置方式用于冷凝器和蒸发器时的压降性能和换热性能，并对这几种布置方式的计算结果进行了详细的比较分析，得出如下结论：纯逆流布置方式是冷凝器中换热效果最好的，其次是"Z"字形布置方式的换热效果；而在蒸发器中，因为制冷剂饱和温度存在压降而下降，所以在流路布置时应尽量在两相区采用顺流布置方式，而在过热区应采用逆流布置方式。

从目前的文献来看，关于流路布置所做的研究，包括了实验和数值模拟，但是所研究的布置方式并不全面，对实际应用中的多排管组合管径的流路布置未见有详尽的比较和分析。

1.3　强化传热理论的研究进展

近年来，由于世界各国大力主张能源的高效利用，强化换热技术的研究引起了越来越多学者的重视，已经成为国际传热学界研究的热门课题[149]。虽然强化传热技术已经发展了半个多世纪，但关于强化传热的理论研究还有待于深入开展。目前关于强化传热理论的研究主要有：① 美国杜克大学 Bejan 教授提出的关于传热优化的最小熵增原理；② 过增元院士和陶文铨院士提出和发展的场协同原理，以及陶文铨院士和何雅玲院士团队进一步发展的三场协同原理；③ 清华大学过增元院士提出的"㶲耗散"原理，以及西安交通大学陶文铨院士和何雅玲院士团队发展的"㶲耗散"最小统一性原理；④ 陶文铨院士和何雅玲院士团队提出的以节能为目标的强化传热综合性能评价方法。这些强化换热理论及评价方法将在第 2 章中进行详细的综述分析，作为本书开发高效强化换热技术的理论依据。

1.4　本书研究内容

综上所述，人们关于强化换热的研究历程已经超过半个世纪。但到目前为止，关于传热强化及传热优化的研究中仍存在一些问题。一方面，针对特定的强化换热技术优化，基本上是先据经验初步设计出强化结构，然后通过实验或者数值模拟的方法进行进一步的筛选。这样的方法不仅成本较高，耗时较长，并且带有不可预测性。如果能够在设计之前根据换热器工作情况确定优化的约束条件和目标，通过智能算法设计出理论上最佳的结构，则可大大地减小实验工作量和缩短设计周期。另一方面，在采用强化传热措施后会引起阻力损失的增大，目前的强化换热技术，往往在换热性能提高的同时阻力增大较多，难以满足节能要求，这就需要对换热设备的流动换热机理和新型强化换热技术进行研究，达到高效低阻强化换热的目标。

鉴于此，为了在强化换热的同时减少阻力的增加，实现节能这一目标，本书分别从管外翅片的改进、强化换热管的提出以及换热器流路的综合设计 3 个途径着手，展开了换热设备高效强化传热技术的理论和实验研究。其主要内容及相互之间的关系如图 1 - 16 所示。

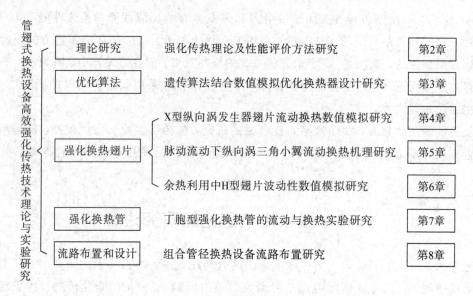

图 1-16　本书研究框架

1.4.1　优化算法研究

在换热设备的设计优化过程中，由于存在多个未知参数和影响因素，通常需要消耗大量的时间和成本，并且优化的结果多为经验的结论。本书将遗传算法与数值模拟相结合，对换热元件进行优化设计。与传统的优化设计方法相比，该方法可以在没有经验关联式时，通过确定优化目标和参数的选择范围，对换热元件的结构或运行参数进行初步的优化设计，具有普遍的适用性，可以很好地用于传统方法难以求解的优化问题。通过将遗传算法与数值计算相结合，对含有多个未知的换热设备结构参数或运行工况进行初步的优化，为下一步对换热元件的细节分析和进一步优化提供基础。

1.4.2　强化换热翅片的研究

由于气体管翅式换热器的热阻主要集中在管外气体侧，因此需要在管外安装强化传热翅片，并对翅片的结构进行优化研究。

（1）由于纵向涡发生器翅片可以在强化传热时，使流动阻力的增加较小，但同时，纵向涡发生器小翼的安装布置形式对流动、换热综合性能有较大的影响，因此研究纵向涡小翼的安装排列形式，使换热器获得高效低阻，具有重要价值。本书通过数值模拟的方法，分析了所提出的 4 种 X 形纵向涡发生器布置形式对管翅式换热器流动换热特性的影响。对翅片通道内的局部温度场、速度场进行了分析，并应用以节能为目标的强化换热综合性能评价方法对几种纵向涡发生器的换热强化和阻力增加情况进行了综合评价和分析，给出了在实际中推荐的一种 X 形纵向涡发生器布置形式。

（2）在现实生产和应用中，存在大量的非稳态现象，而这些非稳态现象对于流动传热的影响也很复杂，对于不同的换热元件，机理也完全不同。本书对非稳态脉动流动下安装有纵向涡发生器的矩形通道的流动换热特性，进行了三维数值模拟，研究了安装有纵向涡发生器通道内速度场、温度场和涡量场之间在非稳态工况下的关系，分析了速度场与温度梯度场之间的协同性，并将所有的计算结果标注在以节能为目标的强化换热综合性能评价图中，揭示了在非稳态流动中纵向涡发生器通道内的沿程对流传热和流动机理。

（3）烟气余热的利用过程与通常的空气换热过程有很多不同，其中烟气的间歇波动性对流动换热的影响很大；同时，H形翅片由于其具有很好的抗沉积和抗磨损特性，在烟气余热利用中被广泛使用。本书针对波动流动对H形翅片换热器换热性能和阻力特性的影响，进行了系统的研究；并对工业烟气波动流动条件下的热量传递机理进行分析。为了研究波动对换热效率的影响，对波动的3个主要参数(波动的时均速度，波动的幅度和波动的周期)进行了计算和讨论，分别分析了每一个参数对换热和阻力的瞬态及周期平均性能的影响。在大量计算的基础上，获得了包含多个参数的换热和阻力关联式，为下一步H形管翅式换热器在工业实际中的应用提供了依据。

1.4.3 强化换热管的研究

当管外翅片侧的强化换热技术发展到一定阶段时，要想进一步改善管翅式换热设备的整体换热性能，就必须同时对管外侧和内侧进行强化。本书提出了4种新型丁胞强化换热管，改建和完善了原有的强化换热管性能测试实验台，并对该换热管进行了实验研究：

（1）对顺排和叉排两种不同排列方式下的外凸圆球形丁胞强化换热管及相应的光滑圆管，进行了实验研究；

（2）对顺排排列的内凹椭球形丁胞和圆球形丁胞强化换热管及相应的光滑圆管，进行了实验研究。对几种不同丁胞管的换热性能、流动阻力特性以及综合性能进行了对比分析，在实验的基础上获得了4种丁胞管的换热和阻力关联式。

1.4.4 换热器流路布置的研究

对于管翅式换热器，除了可以通过改善管外气体侧的翅片和换热管的结构来增强换热效率外，还可以从换热器管路流程布置方式着手，通过合理地设计安排流路以取得较好的换热性能。同时，为了减少成本，降低能耗，组合管径换热器的开发和应用受到越来越多的关注。与传统大管径换热器相比，组合管径材料消耗更少、重量更轻、成本更低。本书针对组合管径换热器的流路布置，对换热器空气侧和管内侧的换热和阻力特性加以探讨，通过优化换热器的流路布置方式，达到高效低阻换热的目的；为了方便快捷地对换热器流路布置进行优化设计，开发了数值模拟计算程序和相应的设计计算软件。

第 2 章　强化传热理论及评价方法研究综述

2.1　问题的提出

半个多世纪以来，无论是管外翅片侧，还是管内侧的强化传热技术都得到了长足的发展。然而，强化传热的研究方法，大多是通过经验设计出强化结构，然后通过实验和数值模拟的方法筛选出强化传热效果好的优化结构。但是，经验和实验的方法存在其局限性，消耗大量时间、精力和成本可能依旧无法获得较优的结果。因此，研究低功耗的强化传热机理，指导高效低阻的强化传热设备的设计，是开发出高效强化传热技术、提升换热设备传热能效、提高能源利用率、减少设备投资和运行费用的有效途径，在能源的开发和节约中具有重大作用。关于对强化传热内在物理机制的深入认识以及优化换热过程的理论研究，还是比较少的，目前提出的比较系统的理论主要有熵产最小原理、场协同原理和"㶲耗散"极值原理等 3 种。

通常采取强化传热技术的同时会伴随着阻力的增加，且阻力增加的比例往往大于换热增加的比例。因此如何衡量和评价强化传热措施的优劣，也一直是强化传热研究中的另一个重要课题。现有的评价方法，不能很好地定量判断强化传热技术是否节能等问题。西安交通大学陶文铨院士和何雅玲院士团队所提出的以节能为目标的强化传热综合性能评价方法，已经受到了国内外学者的认可。

下面对目前广泛使用的强化传热理论和评价方法进行综述和分析。

2.2　最小熵产原理

热量从高温物体传递到低温物体的过程是一个不可逆过程，从热力学角度看，传热过程属于非平衡的不可逆过程。对于非平衡过程的不可逆性可以采用熵产率来衡量。Bejan 用熵产率（参见式（2-1））来衡量换热器的不可逆性，在换热器热量交换的过程中，熵产率来自于两个方面：一是由于有限温差传热引起的熵产率，二是由于流体过程中压力损失引起的熵产率，即

$$\begin{cases} S'_{gen} = S'_{\Delta T} + S'_{\Delta p} \\[2mm] S'_{\Delta T} = \dfrac{Q \Delta T}{T^2} \\[2mm] S'_{\Delta p} = \dfrac{q_m}{\rho T}\left(-\dfrac{\mathrm{d}p}{\mathrm{d}x}\right) \end{cases} \qquad (2-1)$$

式中，S'_{gen}为流动换热过程的总熵产；$S'_{\Delta T}$为有限温差不可逆换热过程引起的熵产；$S'_{\Delta p}$为流动过程中压力损失引起的熵产；Q为换热量；ΔT为温度梯度；T为热源温度；q_m为流体的质量流量；ρ为流体的密度；T为流体的温度；$\dfrac{\mathrm{d}p}{\mathrm{d}x}$为压力梯度。

Bejan提出用熵产率的概念来评价换热器的性能，这是由于，从热力学第二定律获知，换热器的不可逆性越小，即熵产率越小，则表明换热器在传热过程中的不可逆损失越小，换热器的传热性能越好。所以，Bejan以总熵产最小作为优化目标来优化换热器的传热过程，称为最小熵产原理，这种优化也被称为热力学优化（Thermodynamics Optimization）[150-152]。

Bejan定义了强化结构与原始结构的熵产率之比为熵产数N_s来描述强化结构的优劣，其表达式为

$$N_s = \frac{S'_{gen,a}}{S'_{gen,o}} = \frac{N_T + \phi N_p}{1 + \phi} \tag{2-2}$$

式中，$S'_{gen,o}$为原始结构下流动换热所引起的熵产；$S'_{gen,a}$为强化传热结构的熵产；N_T和N_p分别为温差和压降引起的熵产数；ϕ为温差和压降所引起的熵产数之比。由式（2-2）可以看出，熵产数越小，即强化后的传热过程熵产越小，则强化的综合效果越好。

自最小熵产原理提出以来，其不仅应用于换热器的热力学优化，也应用到管内和管外表面的传热优化设计，取得了较好的效果[153-161]。但利用最小熵产原理对换热器性能进行优化时存在一定缺陷，换热器传热的不可逆性用熵产来衡量，理应熵产越小，换热器传热的不可逆损失越小，换热器的性能越好。但是学者们发现，熵产最小与换热器性能最优有时并不一致。下面以平衡流逆流换热器为例来说明。

由温差所引起熵产数的表达式为[162]

$$N_s = \ln \frac{\left(1 + NTU\dfrac{T_{h,in}}{T_{c,in}}\right)\left(1 + NTU\dfrac{T_{c,in}}{T_{h,in}}\right)}{(1 + NTU)^2} \tag{2-3}$$

式中，NTU为传热单元数；$T_{h,in}$和$T_{c,in}$分别为热流体和冷流体的入口温度。N_s越大，由有限温差所引起的不可逆程度越大。

另外，换热器的效能ε表示实际传热量与最大可能传热量的比值，逆流换热器的效能ε越大，换热性能越好，ε的表达式为

$$\varepsilon = \frac{NTU}{1 + NTU} \tag{2-4}$$

根据平衡流逆流换热器N_s-NTU的关系式（2-3）与ε-NTU的关系式（2-4）进行对比，可以得到平衡流逆流换热器的不可逆程度N_s与换热器的效能ε之间的关系，如图2-1所示。从图2-1看到：随着换热器效能数ε的增加，在$\varepsilon=0.5$时，换热器的熵产数N_s出现极大值；当效能数$\varepsilon \in (0, 0.5)$时，换热器的效能数ε越大，换热性能越好，但是，其熵产数N_s也越大，这就意味着其不可逆程度越大，显然，这与常理是不相符的。

Shah[163]的计算也表明，当换热器的熵产达到极小值时，流动布置方式不同，换热器效能有可能是极大值，也有可能是极小值，还可能是某一中间值。这一熵产和换热器效能相矛盾的结论被称为"熵产悖论"。由此看到，熵产的大小并不能充分揭示换热器传热过程的

不可逆程度,即换热器达到最小熵产时,未必能够达到最佳传热性能。熵产最小并不完全适用于所有热交换过程的分析。

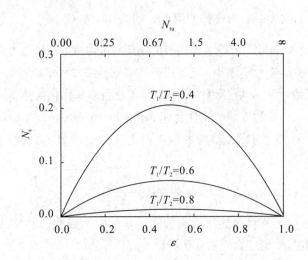

图 2-1　平衡流逆流换热器的熵产数 N_s 随效能数 ε 的变化

2.3　场协同理论

2.3.1　"场协同"原理

1998 年过增元院士[164-165]从新的角度重新审视热量输送过程基本机制,把二维边界层内的对流换热看作有内热源的导热过程,对于如图 2-2 所示的边界层流动,其能量方程可以表示为

$$\rho c_p \left(u \frac{\partial T}{\partial x} + v \frac{\partial T}{\partial y} \right) = \frac{\partial}{y} \left(\lambda \frac{\partial T}{\partial y} \right) \tag{2-5}$$

式中,ρ 是流体的密度;c_p 是比热;λ 是导热系数;T 是温度;u、v 是 x、y 方向的速度。

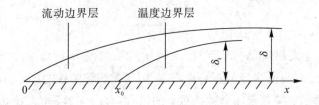

图 2-2　二维层流边界层示意图

将式(2-5)在 y 方向沿热边界层积分可得

$$\rho c_p \int_0^{\delta_t} \left(u \frac{\partial T}{\partial x} + v \frac{\partial T}{\partial y} \right) \mathrm{d}y = \lambda \frac{\partial T}{\partial y} \Big|_0^{\delta_t} \tag{2-6}$$

式(2-6)中等号左侧的对流项可以表示为速度矢量与温度梯度矢量的点积,即

$$u\frac{\partial T}{\partial x}+v\frac{\partial T}{\partial y}=\boldsymbol{U}\cdot\nabla T \tag{2-7}$$

根据层流流动热边界层的特点,对式(2-6)中等号右边进行简化,可得

$$\lambda\frac{\partial T}{\partial y}\Big|_0^{\delta_t}=0-\lambda\frac{\partial T}{\partial y}\Big|_0=q_w \tag{2-8}$$

最后可以得到

$$\int_0^{\delta_t}\rho c_p(\boldsymbol{U}\cdot\nabla T)\,\mathrm{d}y=q_w \tag{2-9}$$

式(2-9)中的点积可以写为 $\boldsymbol{U}\cdot\nabla T=|\boldsymbol{U}||T|\cos\theta$,其中 θ 为速度矢量与温度梯度矢量之间的夹角,q_w 为通过截面的热流量。

由式(2-9)我们可以看出,如果来流速度 $\boldsymbol{U}$ 保持恒定值,温度梯度 ∇T 也保持不变,那么速度矢量与温度梯度矢量之间的夹角越小,式(2-9)等号左边的积分结果会越大,从而边界层壁面上的 q_w 也就愈大,对流换热效果就越好。由此可见,对流换热的整体效果,不仅受到来流速度、换热流体温差和流体物性的影响,也受到速度矢量场与温度梯度矢量场相互配合程度的影响,θ 越小就意味着速度矢量场与温度梯度场之间的配合越好,对流换热效果愈佳,这一基本理论被称为场协同原理(Field Synergy Principle)[164-165],将速度矢量与温度梯度矢量之间的夹角 θ 称为协同角。

自从过增元院士提出"场协同原理"之后,受到工程热物理领域广大研究人员的密切关注,并进行了大量的应用研究和拓展研究。由于在实际工程应用中遇到的流动传热问题大部分都是椭圆型流动,所以,首先将"场协同原理"从抛物线型流动推广到椭圆型流动是十分必要的。陶文铨院士[166]将"场协同原理"推广至更具有工程技术背景的椭圆型流动中。以流体流过后台阶的换热(如图2-3所示)为例来进行分析,其中 T_f 为流体温度,T_w 为壁面温度。

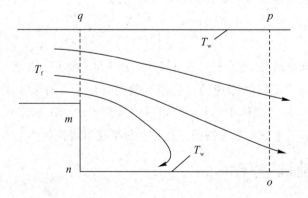

图 2-3　流体流过后台阶的换热情况示意图

在稳态下的能量方程为

$$\rho c_p\left(u\frac{\partial T}{\partial x}+v\frac{\partial T}{\partial y}\right)=\frac{\partial}{\partial x}\left(\lambda\frac{\partial T}{\partial x}\right)+\frac{\partial}{\partial y}\left(\lambda\frac{\partial T}{\partial y}\right) \tag{2-10}$$

将式(2-10)对图2-3中所示的区域 $mnopqm$ 进行积分,可以得到

$$\iint\limits_{mnopqm} \rho c_p (\boldsymbol{U} \cdot \nabla T) \mathrm{d}x\mathrm{d}y = \iint\limits_{mnopq} \left[\frac{\partial}{\partial x}\left(\lambda\frac{\partial T}{\partial x}\right) + \frac{\partial}{\partial y}\left(\lambda\frac{\partial T}{\partial y}\right) \right]\mathrm{d}x\mathrm{d}y \qquad (2-11)$$

式(2-11)等号左边的部分与流动相关，等号右边的部分与导热相关。针对式(2-11)右边的部分应用高斯降维处理，并把通过 op、qm 界面的部分导热移至等号的左端，最后可以得到

$$\iint\limits_{mnopqm} \rho c_p (\boldsymbol{U} \cdot \nabla T) \mathrm{d}x\mathrm{d}y - \int_{op} \boldsymbol{n} \cdot \lambda\nabla T\mathrm{d}S - \int_{qm} \boldsymbol{n} \cdot \lambda\nabla T\mathrm{d}S$$

$$= \int_{mno} \boldsymbol{n} \cdot \lambda\nabla T\mathrm{d}S + \int_{pq} \boldsymbol{n} \cdot \lambda\nabla T\mathrm{d}S \qquad (2-12)$$

式中，$\boldsymbol{n}$ 是计算区域 $mnopqm$ 的外法线方向。等号左边第 1 项是通过流体流动所传递的热量，第 2 项和第 3 项是通过流体导热传递的热量。等号右边是计算区域中固体表面与流体之间的换热，即我们通常所说的对流换热。根据传热学理论，当 Pe 数>100 时，流体流动中的导热量在流体运动所传递的总热量中只占很小的份额，式(2-12)等号左边可以简化为只有第 1 项，第 2 项和第 3 项可以忽略不计(对于大多数工程实际应用中的对流换热，流体流动的 Pe 数都大于 100)；当 Pe 数<100 时，式(2-12)等号左边第 1 项仍在对流换热中占有决定性的比重。因此，减小速度矢量($\boldsymbol{U}$)与温度梯度矢量(∇T)之间的夹角，可以有效地增加等式左边第 1 项的数值，是强化对流换热的根本措施。因此可以将"场协同原理"的应用推广到椭圆型流动。

在应用场协同原理对整场进行分析时，平均协同角是衡量协同性的一个很重要的参数，平均协同角越小，说明速度矢量场与温度梯度场更加协同一致，强化传热的效果就越好。整场平均协同角的定义方法包括简单算术平均角、体积加权平均角、矢量模加权平均角、矢量分量加权平均角、积分平均中值角，其中，除简单算术平均角外，采用其他 4 种定义所得到的结果在定性上一致，变化趋势相同。在一般的应用中，大量采用矢量模加权平均角来评价整体的温度和速度场的协同性，其定义为

$$\theta_{\mathrm{m}} = \sum \frac{|\boldsymbol{U}||\nabla T|\mathrm{d}V}{\sum |\boldsymbol{U}||\nabla T|\mathrm{d}V}\theta \qquad (2-13)$$

陶文铨院士和何雅玲院士[6,167-173]还对场协同理论的具体应用展开了更多的研究，在很多问题中进一步验证了场协同原理的正确性。他们分析了 3 种基本的强化传热物理机制(减薄热边界层厚度，增强流体中的扰动，增加壁面附近的速度梯度)，证明了均可以用场协同理论统一解释，从而证实了场协同原理是强化单相对流换热的基本理论[166]。

2.3.2 "三场协同"原理

场协同原理指出了强化传热技术的改进方向，即对流传热不仅仅受到来流速度、传热温差和流体物性的影响，也受到速度矢量场与温度梯度场之间夹角的影响，夹角越小意味着速度矢量场与温度梯度场之间的协同性越好，对流传热性能越强。为了达到高效低阻的节能目标，我们在强化传热的同时，还希望阻力的增加不大。因此，西安交通大学陶文铨院士和何雅玲院士团队进一步提出了速度矢量场、温度梯度场和压力梯度场之间"三场协同"的概念，即在速度场与温度场协同较好的基础上，进一步改善速度场与压力场之间的协

同性,实现强化传热技术中高效低阻的目标。

为了分析强化对流传热中速度场和压力场之间的协同关系,流体流动的动能方程为

$$\frac{\mathrm{D}}{\mathrm{D}t}\left(\frac{1}{2}\rho u_i u\right) = -u_i \frac{\partial p}{\partial x_i} + u_i \frac{\partial p'_{i,j}}{\partial x_i} \tag{2-14}$$

式(2-14)表示了单位时间内作用在流体微团上总功的变化,等号右边第一项为压力梯度所作的功率,可以表示为

$$N_p = -\boldsymbol{U} \cdot \nabla p = |\boldsymbol{U}||-\nabla p|\cos\alpha \tag{2-15}$$

式(2-15)中 α 代表速度矢量与逆压力梯度之间的夹角。α 越小,意味着单位压力梯度的作功能力越强。在作功相同时,产生的压力降最小。因此,α 越小,意味着速度矢量场与压力梯度场的协同性越好,压力梯度的作功能力越强,整个流体流动过程中产生的压力降也越小。为了表征全场的速度和压力之间的协同性,将速度场和逆压力梯度场的平均协同角定义为

$$\alpha_\mathrm{m} = \frac{\sum |\boldsymbol{U}||-\nabla p|\mathrm{d}V}{\sum |\boldsymbol{U}||-\nabla p|\mathrm{d}V}\alpha \tag{2-16}$$

下面我们通过两个实例来说明三场协同带来的效果。

例 1　图 2-4 所示的圆弧和直角两种总长相等的通道内空气流动换热问题。为了说明减小流动局部阻力时速度场、温度场、压力场三场之间的协同性情况以及与流动阻力、换热的关系,我们对此进行二维层流数值模拟分析。

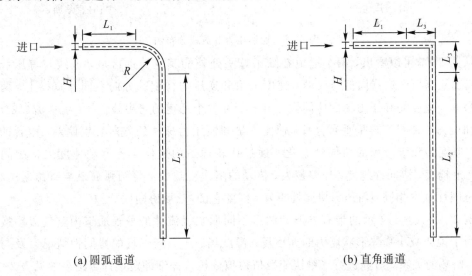

(a) 圆弧通道　　　　　　　(b) 直角通道

图 2-4　圆弧通道和直角通道示意图

详细的定量计算结果参见表 2-1。直角通道与圆弧通道的换热性能基本相同,相应的速度矢量与温度梯度之间的平均夹角也基本相同。但直角通道的阻力明显大于圆弧通道,相应的速度矢量与逆压梯度之间的平均夹角也是直角通道大于圆弧通道。直角通道和圆弧通道的总长相等,沿程阻力相当,两个通道的区别主要在于通道弯头处的局部阻力,渐变的圆弧弯道和突变的直角弯道相比起到了流动减阻的效果。

表 2 - 1 流动换热及协同角计算结果

$Re=985$	Nu	速度-温度梯度矢量 平均夹角 θ	阻力系数 f	速度-逆压力梯度矢量 平均夹角 α
直角通道	9.11	87.14°	0.09773	28.72°
圆弧通道	8.66	88.03°	0.07227	17.62°

直角通道和圆弧通道内压力场和速度场协同程度差别的比较参见图 2-5。

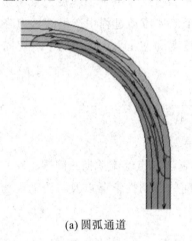
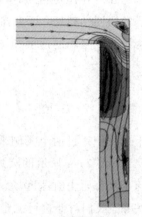

(a) 圆弧通道　　　　　　　　　　　　　　　　(b) 直角通道

图 2-5　通道压力及流线分布图

从图 2-5 可以看出，两个通道在除了弯头处外的其它流动区域，流线与等压线相垂直，流线从高压区域指向低压区域，速度矢量和逆压力梯度的方向在同一直线上，两者的夹角呈 0°，速度场和压力场的协同性很好。但在两个通道的弯头处，由于流体流向的改变，流线和压力等值线不再呈垂直分布，速度矢量和逆压力梯度的方向发生偏差，两者的夹角增大，速度场和压力场的协同性恶化。通过比较通道内逆压力梯度和速度矢量之间的夹角，夹角越大，协同性越差，压差越大，流动的阻力就越大。将圆弧通道与直角通道相比，温度协同性基本相同，而压力协同性更好，因此它的"三场协同性"更好。

例 2　图 2-6 所示的带有方形和圆形不同形状扰流件的平板通道内空气流动换热问题。为了说明减小物体形状阻力时速度场、温度场、压力场三场的协同性情况以及与流动阻力、换热的关系，对此进行二维层流数值模拟分析。详细的定量计算结果参见表 2-2。

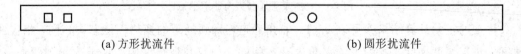

(a) 方形扰流件　　　　　　　　　　　　　　　(b) 圆形扰流件

图 2-6　带扰流件的平行通道示意图

表 2-2　流动换热及协同角计算结果

$Re=1101$	Nu	速度-温度梯度矢量平均夹角 θ	阻力系数 f	速度-逆压力梯度矢量平均夹角 α
方形扰流件	14.37	83.32°	0.2813	79.09°
圆形扰流件	14.14	83.78°	0.2403	67.55°

　　由表 2-2 可知，通道内设置圆形扰流件与方形扰流件后换热性能基本相同，相应的速度矢量与温度梯度之间的平均夹角也基本相同。但圆形扰流件的阻力更小，相应的速度矢量与逆压力梯度之间的协同角更小，这意味着在强化传热能力相当时，圆形扰流件可以使整个流场的速度矢量与逆压力梯度矢量更好地协同，压力损失更小。为了比较方形和圆形扰流件通道内压力场和速度场协同程度差别的比较参见图 2-7 和图 2-8。

(a) 方形扰流件　　　　　　　　　　　(b) 圆形扰流件

图 2-7　温度场与速度场计算结果

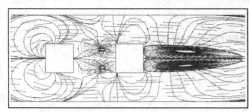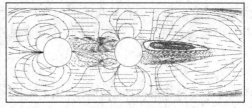

(a) 方形扰流件　　　　　　　　　　　(b) 圆形扰流件

图 2-8 压力场与速度场计算结果

　　由图 2-7 和图 2-8 可以看出，方形和圆形两种扰流件通道内速度场与温度梯度场的协同程度基本相同，而速度场与逆压力梯度场的分布明显不同，圆形扰流件的协同性明显优于方形扰流件。因此，采用具有流线型结构的扰流件，可以在相同换热能力时阻力损失更小，或者在相同压力损失下得到更佳的强化传热效果，最终达到高效低阻强化传热的目标，符合"三场协同性"的要求。

　　三场协同原理是从热量交换和流动阻力的根本物理过程出发，通过定量地分析速度场、温度梯度场和压力梯度场三场之间的协同关系，保证了在阻力增加不大的情况下实现换热增强的优化目标，是新型强化管翅式换热器的开发和评价的重要准则。

2.4　"㶲耗散"理论

2.4.1　"㶲耗散"极值原理

　　传热强化的目的一般来说可归结为两个，一是在温差一定情况下使换热量最大化；另一个是在换热量一定的情况下使传热温差最小化。传热优化的目标是在一定的限制下（比如给定泵功，给定换热面积，给定体积等）使换热量最大[174]。2003 年清华大学过增元院士在导热优化的研究中，基于热量传递现象，指出物体（介质）所具有的热量与其所处温度的乘积就代表了该物体（介质）传递热量的总能力，从传热学的角度定义了一个新的概念——热量传递势容，它代表物体向周围介质的热量传递能力的总量。当有温差存在时，热量从高温物体向低温物体传递，或从物体的高温部分向低温部分传递，由于热量传递是一个不可逆过程，所以，热量传递势容必然存在损耗减少，即热量传递能力总量降低。过增元院士基于物体热量传递能力的新认识，针对导热优化过程以提高导热效率为目标函数，提出了最小热量传递势容损耗原理，即当热量传递势容耗散最小时，导热过程最优，导热效率最高。

　　随着对热量传递势容认识的深入，过增元院士于 2006 年提出了一个新的物理量，称为"㶲"（Entransy）[175-179]，并基于热量传递和电荷传递的比拟，将"㶲"定义为

$$E = \frac{1}{2}QT = \frac{1}{2}McT^2 \qquad (2-17)$$

式中，Q 是物体的定容热容量，M 是质量，c 是比热容。新物理量代表了物体传递热量的总能力，由于它正比于热容量和温度的乘积，所以称之为"㶲"，在热量传递的不可逆过程中，部分"㶲"将被耗散。对无内热源的导热过程，可以得到"㶲平衡"方程：

$$\rho c T \frac{\partial T}{\partial \tau} = -\nabla \cdot (\dot{q}T) + \dot{q} \cdot \nabla T = \nabla \cdot (\lambda T \nabla T) - \lambda \left| \nabla T \right|^2 \qquad (2-18)$$

式中，等号左边是单位体积中"㶲"随时间的变化。等号右边第 1 项是进入单位体积的"㶲流"，表示伴随热量传递的"热量㶲"的输运，它将"热量㶲"从这一部分物体输运给另一部分物体；等号右边第 2 项是单位体积中的"㶲耗散"，代表了导热过程中因热阻引起的不可逆损失，是导热过程不可逆性的量度。随后，在变分分析的基础上，获得了导热过程优化的"㶲耗散"极值原理：当给定热流边界条件时，"㶲耗散"最小，导热过程最优（温差最小）；当给定温度边界条件时，"㶲耗散"最大，导热过程最优（热流最大）。

　　随后，过增元院士团队又将"㶲耗散"极值原理发展到更为普遍的对流换热过程中。对于无内热源的稳态对流换热过程，其能量方程为

$$\rho c_p U \cdot \nabla T = \nabla \cdot (\lambda \nabla T) \qquad (2-19)$$

将能量方程两边同时乘以温度 T，可以得到对流换热的"㶲平衡"方程为

$$\rho c_p U \cdot \nabla \left(\frac{T^2}{2} \right) = \nabla \cdot (\lambda T \nabla T) - \lambda \left| \nabla T \right|^2 \qquad (2-20)$$

式中，等号左边表示伴随着流体微团运动而引起的"热量㶲"输运。等号右边第 1 项表示因热量扩散导致的"热量㶲"在流体内部的扩散；等号右边第 2 项表示热量扩散过程中"热量

㶲"的耗散，它与导热过程中"热量㶲"耗散的表达式一致，是对流换热过程不可逆性的量度。这是因为对流换热过程本质上是伴随着流体流动的导热过程，所以对流换热不可逆性也是由热量扩散过程引起的。同样的，在变分分析的基础上，获得了稳态对流换热过程优化的"㶲耗散"极值原理：当给定热流边界条件时，"㶲耗散"越小，对流换热温差就越小，换热过程越好；当给定温度边界条件时，"㶲耗散"越大，对流换热量就越大，换热过程越好。

因此，可以通过导热及对流换热的"㶲耗散"极值原理，指导解决实际的换热优化问题。

2.4.2 "㶲耗散"最小统一性原理

过增元院士及其团队提出了"㶲耗散"的概念，用"㶲耗散"的大小来表征换热过程的不可逆度，并以此判断换热设备的过程优劣。在实际使用当中，"㶲耗散"的最优极值取决于边界条件的选择，当边界条件为恒热流时，温差越小，不可逆损失越少，因此最优的"㶲耗散"应取极小值；当边界条件为恒壁温时，热流量越大，换热性能越好，因此最优的"㶲耗散"应取极大值。这在实际使用"㶲耗散"极值原理时有些不方便。2011 年，西安交通大学陶文铨院士和何雅玲院士选取单位换热量下的"㶲耗散"作为评价指标，可以证明不同边界条件下的"㶲耗散"极值原理可以统一为单位换热量的"㶲耗散"最小原理。同时，他们还通过大量的研究，验证了场协同原理和"㶲耗散"最小原理之间的一致性，建立了统一评判标准，发展了基于"㶲耗散"的传热过程优化指标，即"㶲耗散"最小统一性原理。以下通过 2 个数值模拟案例来说明，并验证场协同原理和"㶲耗散"最小统一性原理的一致性。

例 1　空气层流流过被冷却或被加热的纵向涡翅片。

由于在工程应用实际中，大量采用两排管的管翅式换热器，因此以具有纵向涡发生器的两排翅片管为例，其计算域如图 2-9 所示，虚线是数值模拟的边界。为了比较，对相同翅片尺寸和运行工况下的没有涡发生器的两排管翅片进行计算。计算所采用的边界条件为管壁面是恒定温度，翅片表面是流固耦合。

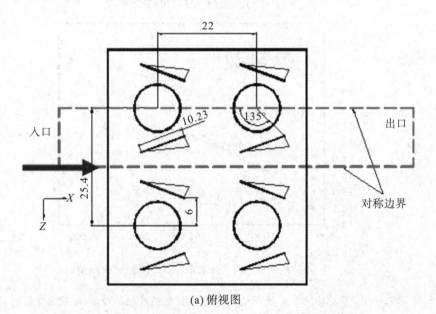

(a) 俯视图

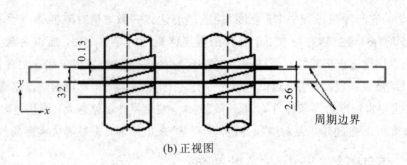

(b) 正视图

图 2-9　翅片管计算模型

计算得到的平均协同角 θ_m 和单位换热量下"㶲耗散"$\Delta E/Q$ 的变化如图 2-10 所示。与没有纵向涡发生器的平直翅片相比，采用纵向涡发生器翅片的整场平均协同角较小，换热性能较好；同时，纵向涡发生器翅片的单位换热量下，"㶲耗散"也比较小，根据最小"㶲耗

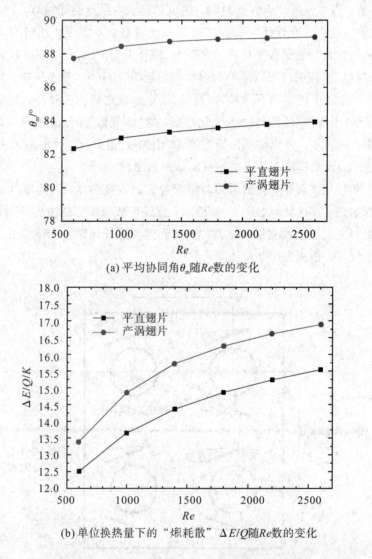

(a) 平均协同角 θ_m 随 Re 数的变化

(b) 单位换热量下的"㶲耗散" $\Delta E/Q$ 随 Re 数的变化

图 2-10　平均协同角 θ_m 和单位换热量下的"㶲耗散"$\Delta E/Q$ 随 Re 数的变化

散"统一性原理,也说明了纵向涡发生器翅片的换热性能更好。通过这个案例说明了场协同原理与最小"㶲耗散"统一性原理的一致性,这两种评价标准具有相同的结果。

例 2 空气充分发展湍流流过恒壁温的丁胞强化传热管。

选取丁胞型强化传热管及相应的光滑圆管进行数值模拟和对比分析,两种换热管的几何形状如图 2-11 所示,丁胞型强化传热管的计算区域为一个周期性的丁胞单元。为了比较,光滑圆管也采用了相同长度和直径的周期性单元进行计算。计算所采用的边界条件为管壁面温度恒定。

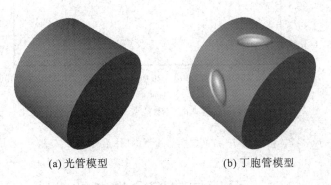

(a) 光管模型　　　　　　　　(b) 丁胞管模型

图 2-11 光管和丁胞管计算模型

计算得到的平均协同角 θ_m 和单位换热量下"㶲耗散"$\Delta E/Q$ 的变化如图 2-12 所示。与光滑圆管相比,丁胞型强化传热管的平均协同角较小,换热性能较好。同时,丁胞型强化传热管单位换热量下"㶲耗散"也比较小,验证了场协同原理与最小"㶲耗散"统一性原理的一致性。

由上述例子可知,场协同原理和"㶲耗散"极值原理具有内在联系,场协同性越好意味着单位换热量下"㶲耗散"越小。由于单位换热量下的"㶲耗散"是具有温度的量纲,因此单位换热量下的"㶲耗散"可以看成换热过程的等效温差。"㶲耗散"极值原理可以统一为:对于任何边界条件,最优的传热过程应该具有单位换热量下的最小"㶲耗散"。

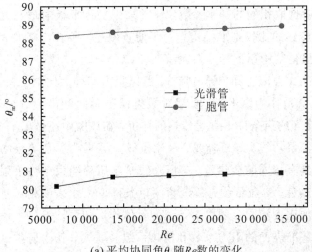

(a) 平均协同角θ_m随Re数的变化

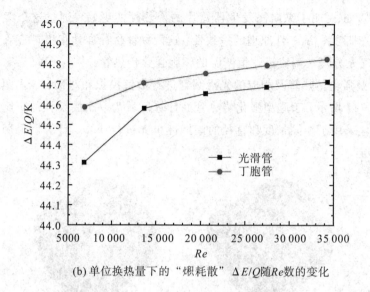

(b) 单位换热量下的"㶲耗散"$\Delta E/Q$ 随 Re 数的变化

图 2-12　平均协同角 θ_m 和单位换热量下的"㶲耗散"$\Delta E/Q$ 随 Re 数的变化

2.5　强化传热综合性能评价图

西安交通大学陶文铨院士和何雅玲院士团队基于对强化传热机理的深入研究，提出了传热能显著强化而压降增加不多的强化传热技术一定是速度矢量场、温度梯度场和压力梯度场协同较好的情况。而现有的评价指标体系，没有一个能定量反应三场协同好坏程度的判据。他们以节能为目标，建立了强化传热评价准则及强化传热综合性能评价图。在此性能评价图上，相比现有的评价方法，不但可以省略大量复杂的计算，还可以清楚地看出各种强化传热技术的优劣，比较不同的强化技术节能效果，以及同一强化传热技术下换热器的最佳运行工况。

需要说明的是，强化的比较需要有基准，在强化结构和基准结构的换热性能和压降特性进行比较时，两者选取相同的基本参数，通常采用平行平板通道与光滑圆管分别作为管外翅片与管内强化传热的比较基准结构。为了便于叙述，所有与基准表面相关的物理量均用下标 0 来表示，强化结构用下标 e 来表示。

西安交通大学陶文铨院士和何雅玲院士[180]以阻力的增大比例 f_e/f_0 作为横坐标，以换热的增强比例 Nu_e/Nu_0 作为纵坐标，采用对数坐标系，参见图 2-13。为了兼顾以往等泵功、等压降、等流量等约束条件下强化传热的评价，在该图中还做出了 3 条辅助线，斜率从低到高分别被称为等泵功线、等压降线、等流量线。等泵功线是等泵功约束条件下强化表面相对于基准表面具有相同的换热量；等压降线是等压降约束条件下强化表面相对于基准表面具有相同的换热量；等流量线是等流量约束条件下强化表面相对于基准表面的换热量增加与摩擦系数增加比例相同。图中 3 条线的具体作法如下。

首先需要获得基准表面的阻力系数和换热系数关联式，其次通过试验或数值模拟的方法进一步获得强化表面的阻力系数和换热系数，并在相同 Re 数下将强化表面与基准表面进行比较，参见下式：

$$\begin{cases} f_0(Re)=c_1Re^{m_1} & \left(\dfrac{f_e}{f_0}\right)_{Re}=\dfrac{f_e(Re)}{f_0(Re)} \\[3mm] Nu_0(Re)=c_2Re^{m_2} & \left(\dfrac{Nu_e}{Nu_0}\right)_{Re}=\dfrac{Nu_e(Re)}{Nu_0(Re)} \end{cases} \qquad (2-21)$$

根据等泵功、等压降、等流量的约束条件，建立不同约束条件下的综合性能评价通用方程式：

$$C_{Q,i}=\left(\frac{Nu_e}{Nu_0}\right)_{Re}\Big/\left(\frac{f_e}{f_0}\right)_{Re}^{k_i} \qquad (i=P、\Delta p、V) \qquad (2-22)$$

式中，角标 $i=P、\Delta p、V$ 分别表示等泵功、等压降、等流量 3 种约束条件。对通用方程两侧同时取对数，可得对数坐标下通用方程：

$$\ln\left(\frac{Nu_e}{Nu_0}\right)_{Re}=b_i+k_i\ln\left(\frac{f_e}{f_0}\right)_{Re} \qquad (2-23)$$

式中，3 种约束条件下的 b_i 分别为 $\ln C_{Q,P}$、$\ln C_{Q,\Delta p}$ 和 $\ln C_{Q,V}$；k_i 分别为 $\dfrac{m_2}{3+m_1}$、$\dfrac{m_2}{2+m_1}$ 和 1，其中 m_1 和 m_2 分别为基准表面阻力系数和 Nu 数关联式中的指数。式(2-23)给出了性能评价图的基本框架。可以看出，当采用对数坐标系，将 $\ln(f_e/f_0)_{Re}$ 和 $ln(Nu_e/Nu_0)_{Re}$ 分别作为横坐标和纵坐标时，则在此对数坐标系下，式(2-23)就可以表示成 3 条直线，如图2-13所示，k_i 为直线的斜率，b_i 为直线的截距。

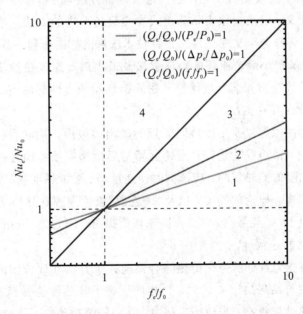

图 2-13　以节能为目标的性能评价分区图

在图 2-13 中，首先将横坐标 f_e/f_0 和纵坐标 Nu_e/Nu_0 均大于 0 时的空间通过 $f_e/f_0=1$ 和 $Nu_e/Nu_0=1$ 分为 4 个区。分别是阻力上升换热增强区($f_e/f_0>1$，$Nu_e/Nu_0>1$)、阻力上升换热减弱区($f_e/f_0>1$，$Nu_e/Nu_0<1$)、阻力下降换热减弱区($f_e/f_0<1$，$Nu_e/Nu_0<1$)和阻力下降换热增强区($f_e/f_0<1$，$Nu_e/Nu_0>1$)。其中阻力下降换热增强区的效果最好，

也最难以获得；阻力上升换热减弱区的效果最差，应该尽量避免。采用强化技术后，最常见的效果为阻力和换热同时增加。因此，通过式(2-23)将横坐标 f_e/f_0 和纵坐标 Nu_e/Nu_0 均大于 1 时的空间再分为 4 个区域，区域 1 代表强化传热而不节能区，区域 2 代表等泵功强化传热区，区域 3 代表等压降强化传热区，区域 4 代表等流量强化传热区。

从以节能为目标的强化传热综合性能评价图的推导过程可以看出，当综合性能位于 2 区到 4 区时，我们可以认为这一强化传热技术是节能的，越是综合性能接近或者位于 4 区的新型强化传热元件，其传热性能就越好，同时，其阻力增加得也越小。反过来说，越是高效低阻的强化传热元件，其综合性能越是接近或位于 4 区。这种强化传热元件能够同时具有换热性能好和流动阻力小的特点，正是符合了三场协同的要求。因此，综合性能评价图能够定量地反映出三场协同性能的好坏，而且还兼顾了传统的等泵功、等压降、等流量约束条件下的强化传热的评价方法，是一种具有普遍意义的、既简单明了又方便实用的节能高效传热的定量评价方法。所以，它自发表以来，得到了国际和国内学者的认可和应用。例如，法国学者在一篇关于紧凑式换热器的综述[181]中应用以节能为目标的强化传热综合性能评价图对现有的大量文献进行了分析。

本 章 小 结

本章综述和探讨了高效低阻强化传热理论及评价方法，分析了各种理论和方法提出的背景，包含的物理意义，以及指导实际管翅式换热设备改进的方法。本章强化传热理论的讨论，获得的结论，将作为全文强化传热各种技术改进的方向指导。其具体结论如下：

（1）介绍了 Bejan 最小熵产原理的物理意义及最小熵产原理在换热器优化过程中的应用，详细说明了通过熵产率和熵产数评价管翅式换热器综合性能的方法，同时指出其在对换热器性能进行优化时存在的缺陷。

（2）回顾了场协同原理以及三场协同原理的提出和应用。同时看到，当速度场与温度梯度场协同性越好时，换热性能越好；当速度场与压力梯度场协同性越好时，流动阻力越小；为了达到高效低阻的换热目的，应该同时使速度场、温度梯度场和压力梯度场协同。

（3）介绍了"㶲"这一概念的提出，以及"㶲耗散"极值原理在导热优化和对流换热优化中的应用；进而介绍了"㶲耗散"最小统一性原理的提出。通过案例分析验证了场协同原理与"㶲耗散"原理之间的一致性。

（4）介绍了以节能为目标的强化传热综合性能评价方法和评价图的提出和应用，当新型管翅式换热器的评价结果位于 4 区时，在相同流量下换热性能提高；当位于 3 区时，在相同压降条件下换热性能提高；当位于 2 区时，在相同泵功条件下换热性能提高；当位于 1 区时，虽然换热性能得到强化，但并不节能。同时，探讨了强化传热综合性能评价与三场协同原理之间的关系。

第 3 章　管翅式气体换热器遗传算法与数值模拟结合的优化设计研究

3.1　问题的提出

19 世纪中叶，达尔文创立了科学的生物进化学说，揭示了自然界生物进化规律，即生物通过遗传、变异、优胜劣汰等规律完成进化。随着对生物进化规律认识的深入，人们把这种奇妙的进化过程抽象、提升成为一种寻优的算法。1962 年，美国 Michigan 大学 Holland 教授提出借鉴生物进化这一法则，解决科学研究和工程实际应用中所遇到的各种搜索和优化问题。在 1975 年，Holland 教授的专著《自然和人工系统的适配》出版，在专著中 Holland 教授首次系统地阐述了遗传算法（Genetic Algorithm，简称 GA 算法）的基本原理，该算法问世以来被广泛应用于各种优化问题的求解。

近几年，我国对遗传算法的研究以及遗传算法的应用研究都取得了令人瞩目的成果。对遗传算法的研究，主要涉及算法的图式理论、算法种群结构的研究、算法操作算子自适应策略的研究以及基因编码的研究等方面，并在调度问题、组合优化问题、最优控制、自适应控制、模糊控制、机器学习、模式识别等实际应用问题上取得了一系列成果。

本章重点研究遗传算法与数值模拟相结合的优化方法，并将这一方法应用于管翅式换热设备的优化设计中。与传统管翅式换热设备的设计方法相比，遗传算法与数值模拟相结合，可以在没有经验关联式时，对换热元件的结构或运行参数进行优化设计，具有普遍的适用性，尤其它可以很好地适应于用传统方法难以求解的优化问题。

3.2　物理模型

对于气体换热器，通常安装翅片能够提高换热性能，研究表明，几乎 90% 的热量是通过翅片与气体介质进行交换的。开缝翅片，由于不同高度的条缝打断了气体的边界层，对气体起到了扰动作用，是第 3 代强化换热翅片的典型代表之一，在暖通空调领域有着广泛的应用。本章选取开缝翅片作为优化的模型。

将开缝翅片简化为二维，物理模型如图 3-1 所示，x 和 y 分别代表主流方向和翅片间距方向，翅片结构参数为：翅片间距 $F_p=1.6$ mm，沿流动方向翅片长度 $L=18.0$ mm，翅片厚度 $\delta=0.1$ mm，翅片上设置了前后对称的 14 条开缝，条缝的宽度均为 10.0 mm，前后及中间的没有开缝区域的宽度分别为 10.0 mm、10.0 mm 和 20.0 mm。考虑到翅片的周期性布置，选取图 3-1 中虚线所围成的区域作为计算区域，如图 3-2 所示。需要优化的参数是在已知基片上所开的不同条缝的高度，由于前后对称，所以共有 7 个独立变化的参数（$H_1 \sim H_7$），变化的范围是 $-0.7 \sim 0.7$ mm。由于翅片的导热系数与空气相比非常大，本书中假设翅片表面的温度为恒壁温边界条件。进口温度为 303.15 K，翅片表面温度为 323.15 K，即气体被翅片加热。

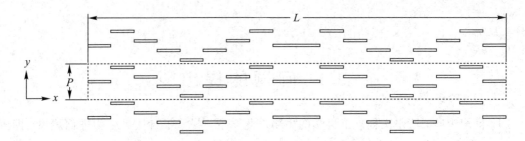

图 3-1　二维开缝翅片示意图

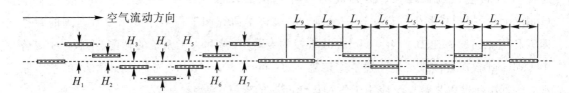

图 3-2　开缝翅片计算模型及结构参数

3.3　遗传算法模型

遗传算法作为一种搜索最优解的智能优化方法。一般来说包含 6 个方面的工作，解空间的确定、候选解的编码、适应度函数的寻找、种群初始化、进化计算（选择运算、交叉运算和变异运算）、候选解的解码。首先用二进制的字符串代表不同的候选解，通过在参数空间中随机生成序列对每个候选解进行初始化。其次，建立控制方程和边界条件，对计算区域进行网格划分，通过数值模拟的方法求解出每个候选解的适应度值，适应度值越大的候选解在进化到下一代时被选择的概率也就越大。再次，在下一代中被选中的候选解还要进行一定概率的交叉运算和变异运算。交叉运算是对两个随机选中的候选解交换部分数据从而产生新的候选解，包括单点交叉、多点交叉和均匀交叉。变异运算是对随机选中候选解的随机位数做取反运算，产生新的候选解。新一代的候选解进行重复数值模拟求解和适应度评估，当进化运算达到了指定的迭代次数或收敛条件时，优化计算结束。整个运算过程的流程图如图 3-3 所示。

以开缝管翅式换热器的优化设计为例，建立遗传算法模型。由于优化参数中开缝的高度均可以独立地连续变化，将 7 个开缝的高度作为遗传算法的参数空间。将每个开缝的高度参数组合作为一个候选解的染色体，每一代的种群数量选取为 $N = 64$。将所有经过初试化的候选解作为初代种群，并通过适应度函数计算它们的适应度值。为了获得不同目标下的优化设计结果，选用两种指标作为遗传算法的适应度函数，一个是获得最好的换热与流

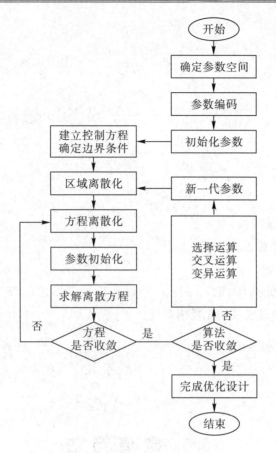

图 3-3　遗传算法结合数值模拟流程图

动综合性能，另一个是获得最大的换热性能，即

$$F_1 = \frac{\dfrac{j}{j_0}}{\dfrac{f}{f_0}} \tag{3-1}$$

$$F_2 = \frac{j}{j_0} \tag{3-2}$$

式(3-1)和(3-2)中下标 0 表示平直翅片的换热性能和阻力性能。候选解的适应度越强，在下一代中生存的概率也就越大。生存下来的个体还要通过一定概率的交叉运算和变异运算等产生出下一代的候选解。这里采用的交叉运算概率为 $P_c = 0.5$，变异概率为 $P_m = 0.02$。通过迭代运算，最终获得适应度函数最优的开缝高度参数组合。

3.4　控制方程和边界条件

由于沿翅片长度方向的空气温度变化不大，将计算区域内的流动看作二维、层流、稳态、常物性、不可压缩流动。另外，忽略了控制方程中的体积力项和黏性耗散项。于是，连续方程、动量方程和能量方程如下：

连续方程：

$$\frac{\partial u}{\partial x} + \frac{\partial v}{\partial y} = 0 \tag{3-3}$$

动量方程：

$$\begin{cases} \dfrac{\partial(uu)}{\partial x} + \dfrac{\partial(vu)}{\partial y} = -\dfrac{1}{\rho}\dfrac{\partial p}{\partial x} + \nu\left(\dfrac{\partial^2 u}{\partial x^2} + \dfrac{\partial^2 u}{\partial y^2}\right) \\[3mm] \dfrac{\partial(uv)}{\partial x} + \dfrac{\partial(vv)}{\partial y} = -\dfrac{1}{\rho}\dfrac{\partial p}{\partial y} + \nu\left(\dfrac{\partial^2 v}{\partial x^2} + \dfrac{\partial^2 v}{\partial y^2}\right) \end{cases} \tag{3-4}$$

能量方程：

$$\frac{\partial(uT)}{\partial x} + \frac{\partial(vT)}{\partial y} = a\left(\frac{\partial^2 T}{\partial x^2} + \frac{\partial^2 T}{\partial y^2}\right) \tag{3-5}$$

计算区域的边界条件设置如下：

上下周期性：

$$u(x,0) = u(x,F_p),\ v(x,0) = v(x,F_p),\ T(x,0) = T(x,F_p)$$

前后周期性，其中温度采用无量纲温度：

$$u(0,y) = u(L,y),\ v(0,y) = v(L,y),\ \frac{T(0,y) - T_w}{T_m(0) - T_w} = \frac{T(L,y) - T_w}{T_m(L) - T_w}$$

翅片速度无滑移，温度恒定：

$$u_{wall} = v_{wall} = 0,\ T_{wall} = T_w$$

3.5 数值方法

根据遗传算法的初始化参数，以及之后的每一代遗传算法优化参数，获得开缝翅片的条缝高度参数组合。采用 SIMPLE 算法求解压力和温度的耦合关系。流固耦合换热问题采取全场求解的方法，将计算区域内的固体假设为一种具有极大黏性的特殊流体，具体的流固耦合计算方法参见文献 Tao[182-183] 和 Patankar[184]。为了保证翅片表面的温度均匀，给翅片设定了一个非常大的导热系数。图 3-4 为计算区域的网格划分示意图，为了减小计算误差和保证计算结果的准确度，全部采用结构化网格。图 3-4 中的翅片高度分别为 0.6 mm、0.2 mm、-0.2 mm、-0.6 mm、-0.2 mm、0.2 mm 和 0.6 mm，这一翅片结构数值将用于之后的网格独立性考核计算。连续性方程和动量方程的收敛判据为单元最大质量残差与入口质量流量之比小于 1.0×10^{-6}，能量方程的收敛条件为逐次迭代的努塞尔数 Nu 相对误差小于 5.0×10^{-7}。通过计算收敛后的数值模拟结果获得遗传算法的适应度函数值，根据适应度函数值的大小进行下一步的选择及进化运算（交叉运算和变异运算）。反复进行遗传算法和数值模拟的迭代运算，直至获得优化的结果。

图 3-4　计算区域网格系统示意图

分析整理数据时，一些特征参数和无量纲参数的定义如下：

雷诺数 Re 的定义为

$$Re = \frac{\rho u_m D_h}{\mu} \qquad (3-6)$$

式中，u_m 为最小通流面积 A_c 处的特征速度，特征长度 $D_h = \frac{4A_c}{P}$。

用于描述换热性能的 j 因子及 Nu 数定义为

$$j = St \cdot Pr^{2/3} = \frac{Nu}{Re \cdot Pr^{1/3}} \qquad (3-7)$$

$$Nu = \frac{hD_h}{\lambda}$$

式中，换热系数 $h = \dfrac{Q}{A \Delta T_m}$，是通过换热量 Q 和平均对数温差 ΔT_m 计算得出的，换热量 $Q = q_m c_p (T_{out} - T_{in})$，平均对数温差为

$$\Delta T_m = \frac{(T_w - T_{in}) - (T_w - T_{out})}{\ln[(T_w - T_{in})/(T_w - T_{out})]}$$

用于描述流动阻力特性的阻力 f 因子定义为

$$f = \frac{p_{in} - p_{out}}{\frac{1}{2}\rho u_m^2} \frac{D_h}{L} \qquad (3-8)$$

式中，L 为沿流动方向的翅片通道长度。

3.6　数值计算有效性验证

3.6.1　网格独立性考核

为了确保计算精度和数值计算结果的可靠性，对计算模型的网格独立性进行了考核，参见表 3-1，在 $Re=500$ 时，采用了 3 种不同的网格系统，分别是 182×34、200×37 和 218×41。3 种网格的努塞尔数 Nu 和阻力系数 f 计算结果之间的相对误差分别不超过 1% 和 2%。为了节省计算资源，同时保证计算的准确性，选取的网格数为 182×34。

表 3-1　网格独立性考核

网格数	Nu	f
182×34	7.57	0.0479
200×37	7.44	0.0468
218×41	7.39	0.0448

3.6.2　关联式校核

为了验证计算模型和计算方法，对二维开缝翅片的所有开缝高度均取值为 0，即 $H_i=$

$0.0\ \mathrm{mm}(i=1\sim7)$时，计算模型转变为平行平板。当入口速度为$0.5\sim8.0\ \mathrm{m/s}$时，基于特征长度的雷诺数 Re 变化范围是 $100\sim1500$，属于层流流动。平行平板在层流流动的换热和阻力特性已经有解析解，这样，数值计算结果可以通过与解析解的对比，来验证计算模型和计算方法的可靠性。

Rhosenow 和 Choi[185] 给出了间距为 $2b$ 的无限大平行平板之间的充分发展层流流动阻力关联式为

$$fRe = 24 \tag{3-9}$$

阻力系数 f 的数值计算结果和经典关联式的对比参见图 3-5，可以看出，两个符合得很好，95% 的计算结果误差在 7.5% 以内。恒定壁温边界条件下，充分发展流动时努塞尔数 Nu 的解析解关联式为[186]

$$Nu = 7.54 \tag{3-10}$$

努塞尔数 Nu 的数值计算结果和文献中关联式计算结果的比较参见图 3-5，计算结果和关联式之间的误差均小于 1.5%。

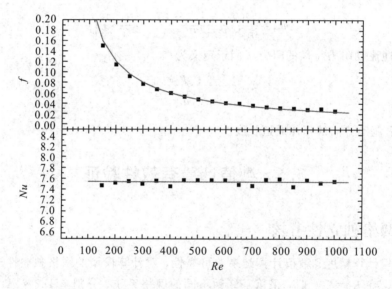

图 3-5　计算结果比较

3.7　计算结果及分析

3.7.1　遗传算法优化结果

基于遗传算法对开缝翅片换热器的每个条缝高度进行了优化，经过 100 代的优化跟踪周期之后，可以获得开缝翅片换热器的全局优化设计结果。基于不同适应度函数的遗传算法优化跟踪图如图 3-6 所示，可以看出，两种适应度函数的优化计算在第 50 步左右时已经基本达到收敛的要求。

基于两种不同适应度函数的开缝翅片换热器优化结构计算结果如图 3-7 所示。为了

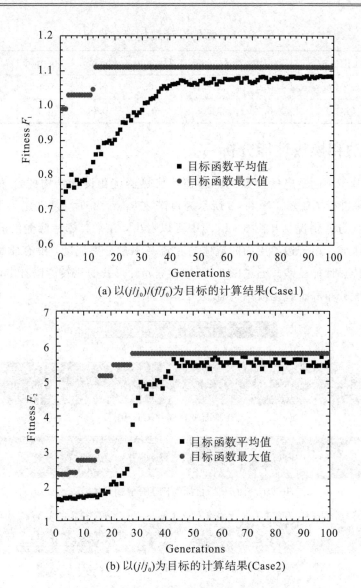

(a) 以$(j/j_0)/(f/f_0)$为目标的计算结果(Case1)

(b) 以(j/j_0)为目标的计算结果(Case2)

图 3-6　基于不同适应度函数的遗传算法优化跟踪图

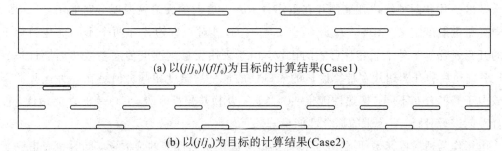

(a) 以$(j/j_0)/(f/f_0)$为目标的计算结果(Case1)

(b) 以(j/j_0)为目标的计算结果(Case2)

图 3-7　基于不同适应度函数的遗传算法优化设计结果

方便描述和比较,将平直翅片作为比较的基准翅片,基于适应度函数 F_1 和 F_2 的遗传算法优化设计结果分别称为 Case1 和 Case2。优化结果如表 3-2 所示。

表 3 - 2　优化设计结构参数结果

	优化目标	H_1/mm	H_2/mm	H_3/mm	H_4/mm	H_5/mm	H_6/mm	H_7/mm
Case1	$(j/j_0)/(f/f_0)$	0.0	0.65	0.65	0.0	0.0	0.65	0.65
Case2	(j/j_0)	0.7	0.0	−0.7	0.0	0.7	0.0	−0.7

3.7.2　流动和换热性能分析

　　为了研究基于不同适应度函数的开缝翅片换热器优化设计结构的换热性能和流动特性,对计算结果进行了比较。图 3-8 所示为雷诺数 $Re=500$ 时,基准翅片和两种优化开缝翅片的局部速度分布情况。从图 3-8(a)中可以看出,在平直翅片两侧沿流动方向形成了明显的边界层区域。由于边界层内的流体与主流基本是分离流动,没有质量交换,因此边界层区域内的传热性能较差。通过图 3-8 中不同翅片形式的比较可以看出,换热优化开缝翅片结构的速度分布和条缝尾流结构有很大的区别。

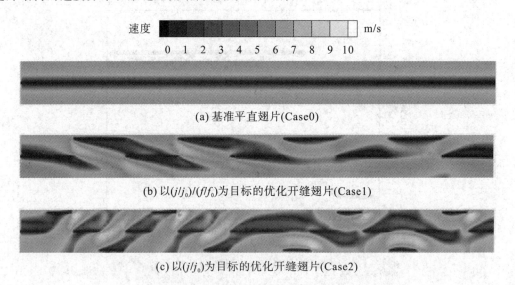

(a) 基准平直翅片(Case0)

(b) 以$(j/j_0)/(f/f_0)$为目标的优化开缝翅片(Case1)

(c) 以(j/j_0)为目标的优化开缝翅片(Case2)

图 3 - 8　平直翅片与两种优化开缝翅片的局部速度分布图($Re=500$)

　　基准翅片和两种优化开缝翅片在雷诺数 $Re=500$ 时的无量纲温度分布如图 3-9 所示,其中无量纲温度定义为$(T_f-T_{in})/(T_w-T_{in})$。通过对平直翅片和两个不同优化目标下获得的开封翅片等 3 种不同翅片形式的比较,由于采用无量纲温度传递参数的周期性边界条件,平直翅片和开缝翅片在计算区域的入口处质量平均温度相同。但是在 3 种翅片的下游区域由于开缝分布不同,换热性能也明显不同,从换热角度来说,Case2 的性能最优,但从综合性能进行分析,Case1 的综合性能最好。

　　由于作为适应度函数 F_1 的评价指标不但考虑了换热性能的最大化,同时也考虑到了阻力损失的最小化,因此,被加热的翅片,Case1 开缝翅片下游的温度分布(图 3-9(b))明显高于平直翅片,而低于 Case2 的相应区域(图 3-9(b))。对比雷诺数 $Re=500$ 时的平直翅片,Case1 的换热 j 因子增强了 229.22%,阻力 f 因子增加了 196.30%,j/f 综合性能比平直翅片提高了 11.11%，这一结果说明 Case1 的开缝结构可以在阻力损失不大的情况下明显强化换热性能。对于 Case2 的强化换热开缝形式，作为适应度函数的性能评价指标只考虑了换热性能的增强，而没有考虑流动阻力的增加。因此，优化结果不计成本，而只追求更高的传热强化，Case2 下游区域的温度明显高于基准平直翅片的相应区域和 Case1 的相应区域，对比雷诺数 $Re=500$ 时的平直翅片，Case2 的换热 j 因子增强了 479.08%，阻力 f 因子增加了 555.71%，结果说明这一开缝形式可以显著地强化换热，但压降损失也很大。

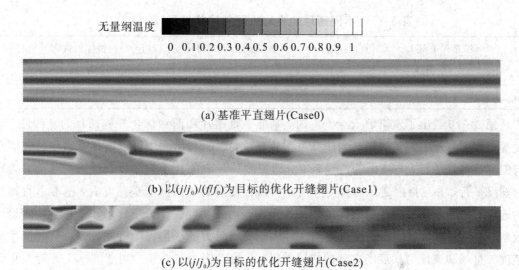

图 3-9 平直翅片与两种优化开缝翅片的局部温度分布图($Re=500$)

3.7.3 场协同性分析

根据上面的分析，翅片的开缝是通过破坏边界层，增强冷热流体的混合及增加通道内的扰动，达到强化对流换热的效果的。为揭示强化换热的根本原因，我们从场协同原理再来审视分析一下。场协同原理的具体描述在第 2 章中已经做了介绍，在此不再赘述。速度矢量和温度梯度的局部协同角以及整个计算区域内的平均协同角定义参见式(3-11)，速度矢量和逆压力梯度的局部协同角以及整个计算区域内的平均协同角定义参见式(3-12)。

$$\begin{cases} \theta = \arccos\left(\dfrac{U \cdot \nabla T}{|U||\nabla T|}\right) = \arccos\left[\dfrac{u\dfrac{\partial T}{\partial x} + v\dfrac{\partial T}{\partial y}}{|U||\operatorname{grad} T|}\right] \\ \theta_{\mathrm{m}} = \sum_{i,j} \dfrac{\Delta x_i \Delta y_j}{\sum\limits_{i,j} \Delta x_i \Delta y_j} \theta_{i,j} \end{cases} \quad (3-11)$$

$$\begin{cases} \alpha = \arccos\left(\dfrac{U \cdot -\nabla p}{|U||-\nabla p|}\right) = \arccos\left[-\dfrac{u\dfrac{\partial p}{\partial x} + v\dfrac{\partial p}{\partial y}}{|U||-\operatorname{grad} p|}\right] \\ \alpha_{\mathrm{m}} = \sum_{i,j} \dfrac{\Delta x_i \Delta y_j}{\sum\limits_{i,j} \Delta x_i \Delta y_j} \alpha_{i,j} \end{cases} \quad (3-12)$$

式中，下标 i 和 j 参考计算区域的控制体坐标。

作为基准平直翅片和两种优化开缝强化翅片的平均协同角计算结果参见表 3-3。从表 3-3 可以看出，在相同雷诺数 Re 条件下，开缝强化翅片的换热平均协同角 θ_{m} 均小于基准平直翅片的换热平均协同角，而平直翅片的阻力协同角最小。这说明开缝强化翅片的速度场和温度梯度场的协同性优于平直翅片，而速度场和逆压梯度场的协同性较差。在相同雷诺数时，基准平直翅片的换热性能最差，阻力最小；Case2 开缝翅片的换热性能最好，阻力最大；Case1 开缝翅片的综合性能最佳。

表 3-3　不同翅片的平均协同角计算结果($Re=500$)

	基准平直翅片	以$(j/j_0)/(f/f_0)$为目标的优化开缝翅片	以(j/j_0)为目标的优化开缝翅片
$\theta_{\mathrm{m}}/\mathrm{deg}$	85.71	83.11	81.92
$\alpha_{\mathrm{m}}/\mathrm{deg}$	2.72	69.27	91.17

图 3-10 给出了雷诺数 $Re=500$ 时，基准平直翅片和两种优化开缝翅片的流线图、温度等值线图和压力等值线图。对于基准平直翅片，图 3-10(a) 中可以明显看出流线基本上与温度等值线平行，与压力等值线垂直，即速度矢量方向几乎与温度梯度方向垂直；与压力梯度平行，并且指向逆压力梯度方向。从强化传热的场协同原理角度看，基准平直翅片的速度矢量场和温度梯度场之间的协同性很差。而在协同性不好的区域中，换热性能也比较差，因此平直翅片的换热能力较低。再从流动减阻力的场协同原理角度看，平行翅片的速度矢量场和逆压力梯度场之间的协同性很好，流动阻力非常小。对于 Case1 开缝强化翅片，速度矢量、温度梯度场和压力梯度场三场之间的协同性有了明显的改善，从图 3-10(b) 中可以看出，Case1 的流线在很多区域与温度等值线的夹角增大，尤其是在中下游区域更加明显，同时在其它区域内流线与压力等值线保持垂直且指向逆压力梯度方向。对于 Case2 开缝强化翅片，速度矢量场和温度梯度场之间的协同性较之 Case1 有进一步的改进，其协同性的改进主要是由两侧的开缝造成的，但速度矢量场与压力梯度场之间的协同性出现恶化，速度矢量方向不再明显地指向逆压力梯度的方向。综上所述，从传热机理的角度分析了 Case2 的换热性能优于 Case1，从三场协同的角度分析了 Case1 的结构是最好的。

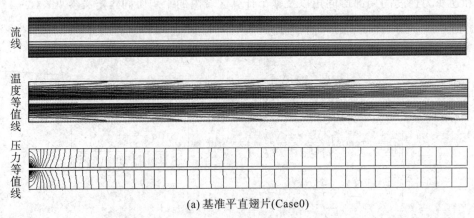

(a) 基准平直翅片(Case0)

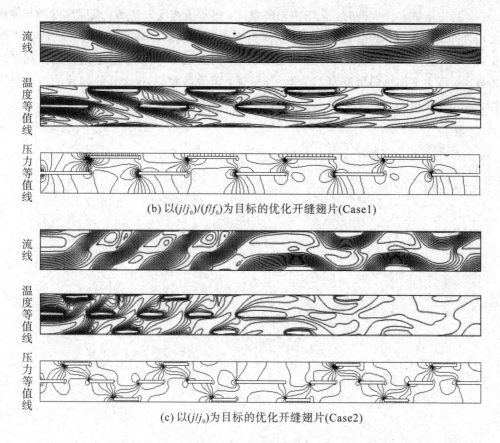

流线

温度等值线

压力等值线

(b) 以$(j/j_0)/(f/f_0)$为目标的优化开缝翅片(Case1)

流线

温度等值线

压力等值线

(c) 以(j/j_0)为目标的优化开缝翅片(Case2)

图 3 - 10　基准平直翅片与两种优化开缝翅片的流线和温度等值线图($Re=500$)

本 章 小 结

本章通过遗传算法对二维开缝翅片换热器的结构参数进行了优化设计。基于两种不同适应度函数的遗传算法，优化设计出了两种不同的开缝翅片结构。将两种开缝翅片作为基准平直翅片的流动换热性能进行了比较，主要结论如下：

（1）通过遗传算法结合数值模拟对二维开缝翅片换热器进行了优化设计。这一优化设计方法对于非线性、多参数、大空间的复杂问题非常适用，因此可以用于多种换热设备和换热元件的优化设计。

（2）开缝强化翅片 Case1 是基于流动换热综合性能评价指标作为适应度函数优化设计的结果。当雷诺数 $Re=500$ 时与基准平直翅片相比，其换热 j 因子相对量增强了 229.22%，阻力 f 因子相对量增大了 196.30%。可以看出，换热性能的强化大于阻力的提高。综合性能 j/f 相对量比基准平直翅片提高了 11.11%。

（3）开缝强化翅片 Case2 是适应度函数只考虑换热性能的优化设计结果。因此，Case2 开缝翅片的换热性能表现最好。当雷诺数 $Re=500$ 时与基准平直翅片相比，其换热 j 因子相对量增强了 479.08%，但阻力的增加也非常大。

（4）当雷诺数 $Re=500$ 时，从场协同的角度，揭示了速度矢量场、温度梯度场与逆压力梯度场之间的协同性，和强化换热与流动减阻力之间的关系。基准平直翅片的温度平均协同角最大，压力平均协同角最小，换热性能最差，阻力最小；Case2 开缝翅片的温度平均协同角最小，压力平均协同角最大，换热性能最强，阻力最大；Case1 开缝翅片的三场协同性最佳，综合性能最好。

第 4 章　新型纵向涡发生器流动换热三维数值模拟研究

4.1　问题的提出

在暖通空调、制冷、电子器件冷却、食品加工、汽车制造、石油化工、航空航天等领域，各种换热设备有着广泛的应用。在这些领域的应用中，换热器的整体性能经常受限于气体侧较低的换热系数而能源利用率不高；而现代工业的发展和严峻的能源形势，需要更小的换热器体积、更低的风扇能耗，更小的振动和噪音，因此迫切需要不断开发高效低阻的强化换热技术来提高气体侧的换热系数[8]。

传统的强化换热翅片技术在提高换热系数的同时，往往带来更大的压力损失，从 20 世纪 90 年代开始，一种新的强化换热技术——纵向涡发生器受到越来越多的关注。纵向涡发生器是一种特殊的扩展表面，当流体经过纵向涡发生器时，由于压差及摩擦力的作用，流体在纵向涡发生器的下游形成强烈旋转的二次流，其旋转主轴方向与主流方向一致，称为纵向涡。一般来说，强化对流换热的机理可以概括为 3 种：① 减薄边界层；② 旋转流体及增强流体的扰动；③ 提升换热壁面附近流体的速度梯度。纵向涡发生器可以同时利用 3 种机理进行强化换热，与传统的强化翅片相比，不但可以大幅度地提高空气侧的换热系数，而且仅小幅度地增加流动阻力。鉴于纵向涡发生器在强化换热性能方面的诸多优点，国内外对其进行了大量的实验研究和数值模拟研究。其中，Fiebig、Biswas、Mitra、Torri 和 Jacobi[87-90, 96, 105, 113, 187]等人做了很多有意义的工作，对纵向涡发生器在平板式、通道式和管翅式换热器中的应用，都做了系统的研究。

目前，在强化换热性能的同时达到以更小的阻力损失为代价，是强化换热技术追求的更高目标。本章针对某企业对现在正在应用的波纹翅片需要更新的要求，通过研究，提出了 X 形纵向涡发生器结构，重点分析了 4 种不同的 X 形纵向涡发生器布置形式对管翅式换热器流动换热特性的影响，并与传统的"向上流"和"向下流"纵向涡发生器布置形式进行了比较；对翅片通道内的局部温度场、速度场进行了分析，并应用以节能为目标的强化传热综合性能图对所提出的几种纵向涡发生器进行了换热与流动性能的综合的评价和分析，给出换热和阻力性能较好的结构。

4.2　物 理 模 型

某空调生产企业在室外机中原来采用的是波纹翅片，随着强化换热技术的不断发展，由于波纹翅片的阻力较大、换热性能不高等问题，亟待采用更先进的强化换热翅片形式来提高流动换热的综合性能。基于本课题组对纵向涡发生器翅片的大量研究，本章提出了采用新形 X 形纵向涡发生器翅片替代原始的波纹翅片，并研究了不同的纵向涡发生器布置形式对流动换热的影响。

原始的波纹翅片、本章所提出的 4 种 X 形纵向涡发生器翅片，以及常用的"向上流""向下流"纵向涡发生器翅片的物理模型分别如图 4-1 所示。图 4-1(a)是作为比较基准的波纹翅片。图 4-1(b)～图 4-1(g)为所建议的 X 形纵向涡发生器翅片，它们的区别是布置位置和小翼开孔方向不同。图 4-1(f)和图 4-1(g)是常用的三角小翼布置形式，分别是"向上流"和"向下流"，参见表 4-1。为了在以后的计算和分析时便于描述，将所有计算的 7 种翅片形式分别命名为 Case0～Case6。图(a)中，X 方向表示主流方向，Y 表示换热管横向间距方向，Z 表示翅片间距方向。

表 4-1　纵向涡小翼翅片计算模型

编号	Case1	Case2	Case3	Case4	Case5	Case6
描述	X 形布置 交点位于管间 前排小翼 向前开孔	X 形布置 交点位于管间 前排小翼 向后开孔	X 形布置 交点位于管心 后排小翼 向前开孔	X 形布置 交点位于管心 后排小翼 向后开孔	向上流 布置	向下流 布置
模型	图 4-1(b)	图 4-1(c)	图 4-1(d)	图 4-1(e)	图 4-1(f)	图 4-1(g)

我们用数值分析来看各种结构换热与流动特性的优劣。为了保证计算结果具有可比性，所有计算模型均采用了相同的换热管参数和翅片整体参数，换热管外径为 7.3 mm，管排横向间距为 21 mm，沿流动方向的翅片长度为 18.19 mm。

由于物理模型具有对称性，实际计算区域如图 4-2 中虚线所示的物理模型最小对称单元。对于波纹翅片来说，考虑到波纹的高度小于翅片间距的一半，将固体的翅片区域置于整个计算区域的中间，如图 4-2(a)和(b)所示。对于纵向涡发生器翅片，由于三角小翼的高度大于翅片间距的一半，只能将翅片基片的中间面作为整个计算区域的上下边界，如图 4-2(c)和(d)所示。

为了保证计算区域入口速度和温度分布均匀，同时又能够体现出翅片结构对翅片区域入口附近速度和温度的影响，设置长度为 1 倍翅片宽度的入口延长段。另外，为了保证计算区域出口处没有回流现象，设置 5 倍翅片宽度的出口延长段。整个计算区域如图 4-3 所示，入口段和出口段长度按照比例画出。

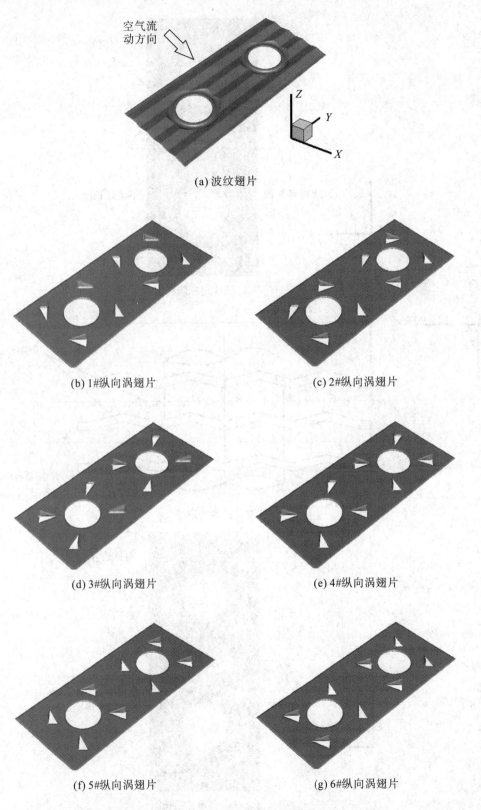

(a) 波纹翅片

(b) 1#纵向涡翅片

(c) 2#纵向涡翅片

(d) 3#纵向涡翅片

(e) 4#纵向涡翅片

(f) 5#纵向涡翅片

(g) 6#纵向涡翅片

图 4-1　7 种翅片模型示意图

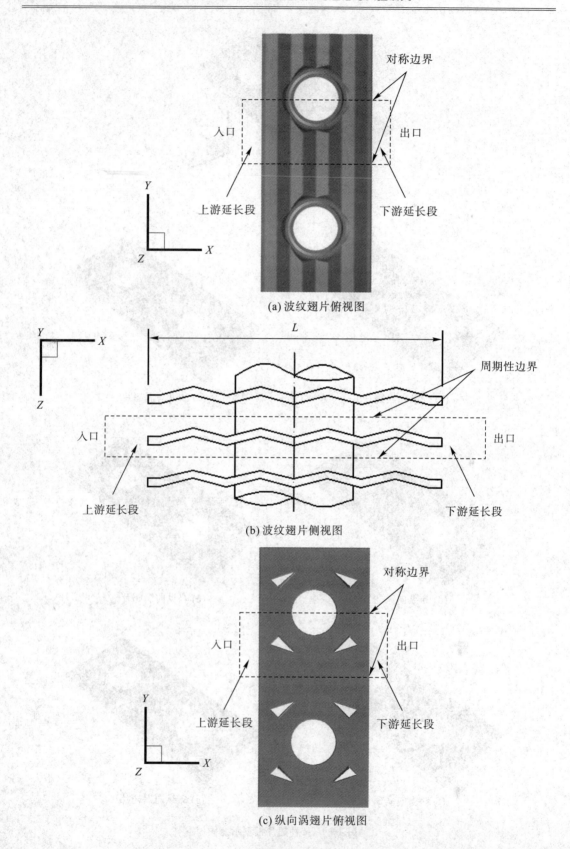

(a) 波纹翅片俯视图

(b) 波纹翅片侧视图

(c) 纵向涡翅片俯视图

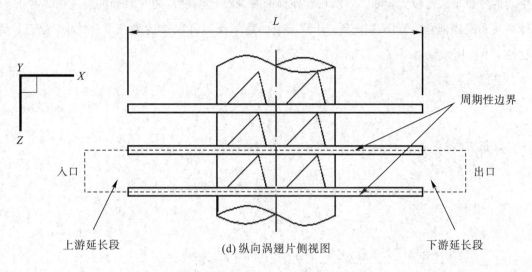

(d) 纵向涡翅片侧视图

图 4-2　翅片通道计算模型示意图

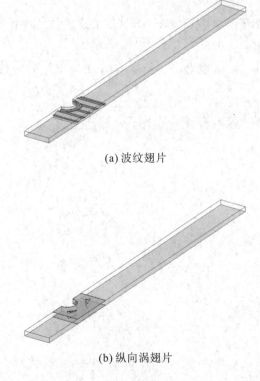

(a) 波纹翅片

(b) 纵向涡翅片

图 4-3　整个计算区域示意图

4.3　控制方程和边界条件

假设换热管外壁面和翅片之间的接触热阻忽略，同时由于管内侧的对流换热系数和管壁面的导热系数比较大，可以将换热管外壁面视为恒定温度。翅片表面的温度由翅片的固体导热和流固耦合对流换热决定。计算区域的数学模型可以描述为三维、层流、稳态、常物性、不可压缩数值研究。控制方程如下所示：

连续方程：

$$\frac{\partial u}{\partial x} + \frac{\partial v}{\partial y} + \frac{\partial w}{\partial z} = 0 \tag{4-1}$$

动量方程：

$$\begin{cases} \dfrac{\partial (uu)}{\partial x} + \dfrac{\partial (vu)}{\partial y} + \dfrac{\partial (wu)}{\partial z} = -\dfrac{1}{\rho}\dfrac{\partial p}{\partial x} + \nu\left(\dfrac{\partial^2 u}{\partial x^2} + \dfrac{\partial^2 u}{\partial y^2} + \dfrac{\partial^2 u}{\partial z^2}\right) \\[2mm] \dfrac{\partial (uv)}{\partial x} + \dfrac{\partial (vv)}{\partial y} + \dfrac{\partial (wv)}{\partial z} = -\dfrac{1}{\rho}\dfrac{\partial p}{\partial y} + \nu\left(\dfrac{\partial^2 v}{\partial x^2} + \dfrac{\partial^2 v}{\partial y^2} + \dfrac{\partial^2 v}{\partial z^2}\right) \\[2mm] \dfrac{\partial (uw)}{\partial x} + \dfrac{\partial (vw)}{\partial y} + \dfrac{\partial (ww)}{\partial z} = -\dfrac{1}{\rho}\dfrac{\partial p}{\partial z} + \nu\left(\dfrac{\partial^2 w}{\partial x^2} + \dfrac{\partial^2 w}{\partial y^2} + \dfrac{\partial^2 w}{\partial z^2}\right) \end{cases} \tag{4-2}$$

能量方程：

$$\frac{\partial (uT)}{\partial x} + \frac{\partial (vT)}{\partial y} + \frac{\partial (wT)}{\partial z} = a\left(\frac{\partial^2 T}{\partial x^2} + \frac{\partial^2 T}{\partial y^2} + \frac{\partial^2 T}{\partial z^2}\right) \tag{4-3}$$

由于控制方程为椭圆形微分方程组，计算区域的边界条件设置如下：

入口恒定速度和温度：

$$u = u_{\text{in}} = 常数,\ v = w = 0,\ T = T_{\text{in}} = 常数$$

出口充分发展：

$$\frac{\partial u}{\partial x} = \frac{\partial v}{\partial x} = \frac{\partial w}{\partial x} = \frac{\partial T}{\partial x} = 0$$

前后对称和绝热：

流体区域：

$$w = 0,\ \frac{\partial u}{\partial z} = \frac{\partial v}{\partial z} = \frac{\partial T}{\partial z} = 0$$

翅片区域：

$$u = v = w = 0,\ \frac{\partial T}{\partial z} = 0$$

换热管表面：

$$u = v = w = 0,\ T = T_{\text{w}} = 常数$$

上下周期性：

$$u(x, 0) = u(x, F_{\text{p}}),\ v(x, 0) = v(x, F_{\text{p}}),\ w(x, 0) = w(x, F_{\text{p}}),\ T(x, 0) = T(x, F_{\text{p}})$$

4.4 数值方法

采用前处理软件 GAMBIT 生成模型和求解器所需要的网格系统，并使用分块混合网格技术。根据计算区域的几何特点，整个计算区域被分割成几个子区域，优先生成结构化网格，在复杂区域使用非结构化网格，为了保证计算精度，对核心区域的网格进行加密，图 4-4(a)和(b)所示的是波纹翅片和纵向涡发生器翅片的部分网格。综合考虑计算准确度和计算成本，波纹翅片和纵向涡发生器翅片分别选取约 500 000 和 855 000 的网格进行计算。本套网格是在 $Re_{D_c}=530$ 条件下，通过网格独立性考核确定的。

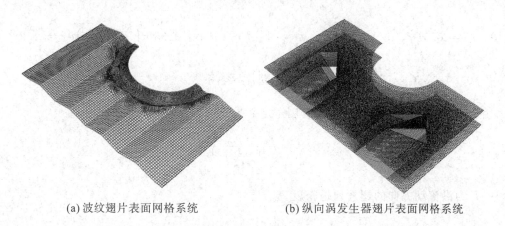

(a) 波纹翅片表面网格系统　　　　　(b) 纵向涡发生器翅片表面网格系统

图 4-4　翅片区域网格示意图

采用商业软件 FLUENT 来求解相关的连续性、动量以及能量方程，对流项采用二阶迎风格式，扩散项采用中心差分，SIMPLE 算法用于求解速度和压力耦合。压力和动量方程的松弛因子分别为 0.3 和 0.7。收敛标准选取动量方程残差小于 10^{-6}，能量方程残差小于 10^{-8}。

分析整理数据时，一些特征参数和无量纲参数的定义如下：

雷诺数 Re 的定义为

$$Re = \frac{\rho u_m D_h}{\mu} \tag{4-4}$$

式中，u_m 为最小通流面积 A_c 处的特征速度，特征长度 $D_h = \dfrac{4A_c}{P}$。

用于描述换热性能的 j 因子及 Nu 数定义为

$$j = St \cdot Pr^{2/3} = \frac{Nu}{Re \cdot Pr^{1/3}}$$

$$Nu = \frac{hD_h}{\lambda} \tag{4-5}$$

式中，换热系数 $h = \dfrac{Q}{\eta_0 A_0 \Delta T_m}$，通过换热量 Q、平均对数温差 ΔT 以及翅片表面效率 η_0 计算获得，换热量 $Q = q_m c_p (T_{out} - T_{in})$，平均对数温差为

$$\Delta T_m = \frac{(T_w - T_{in}) - (T_w - T_{out})}{\ln\left[\dfrac{(T_w - T_{in})}{(T_w - T_{out})}\right]}$$

翅片表面效率为

$$\eta_0 = 1 - \frac{A_\mathrm{f}}{A_0}(1 - \eta_\mathrm{f})$$

其中 A_f 是翅片表面积，A_0 是总换热面积。翅片效率为

$$\eta_\mathrm{f} = \frac{\tanh(mr\phi)}{mr\phi}$$

其中，$r = 0.5D_\mathrm{h}$，$m = \sqrt{\dfrac{2h}{\lambda_\mathrm{f}\delta_\mathrm{f}}}$，$\phi = \left(\dfrac{R_\mathrm{eq}}{r} - 1\right)\left[1 + 0.35\ln\left(\dfrac{R_\mathrm{eq}}{r}\right)\right]$，$\dfrac{R_\mathrm{eq}}{r} = 1.28\dfrac{X_\mathrm{M}}{r}$

$\left(\dfrac{X_\mathrm{L}}{X_\mathrm{M}} - 0.2\right)^{0.5}$，$X_\mathrm{L} = \dfrac{P_l}{2}$，$X_\mathrm{M} = \dfrac{P_t}{2}$，$\lambda_\mathrm{f}$ 为翅片导热系数。

用于描述流动阻力特性的阻力 f 因子定义为

$$f = \frac{p_\mathrm{in} - p_\mathrm{out}}{\dfrac{1}{2}\rho u_\mathrm{m}^2}\frac{D_\mathrm{h}}{L} \tag{4-6}$$

式中，L 为沿流动方向的翅片通道长度。

4.5 数值计算有效性验证

为了验证计算模型和数值方法的可靠性，本节对企业所提供具有实验关联式的开缝翅片和开缝-波纹复合翅片进行了数值模拟研究，并将计算结果与相应的关联式相比较。开缝翅片和开缝-波纹复合翅片的计算模型如图 4-5(a)和(b)所示。空气入口速度的计算范围是 $0.5\sim2.0$ m/s，相应的基于换热管外径的 Re 数范围是 $204\sim816$。对流换热系数和压降的比较结果分别如图 4-6(a)和(b)所示。从图 4-6 中可以看出，数值计算结果可以很好地预测翅片的流动换热性能。换热系数的计算结果与实验关联式相比，最大误差为 16.5%，平均误差为 4.5%。压差的最大误差为 17.7%，平均误差为 2.9%。数值计算结果与实验关联式相符，说明本章所采用的模型和方法是合理的，计算结果是可靠的。

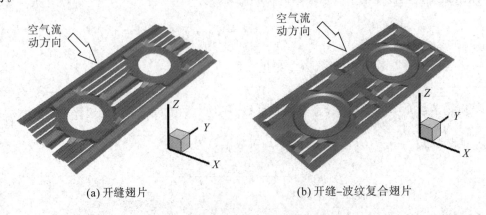

(a) 开缝翅片　　　　　　　　　　(b) 开缝-波纹复合翅片

图 4-5　模型及计算方法校核所用模型

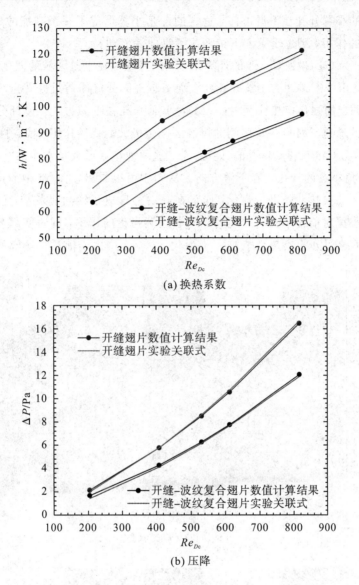

(a) 换热系数

(b) 压降

图 4-6　数值计算结果与实验关联式对比

4.6　计算结果及分析

4.6.1　局部换热与流动分析

本节对所研究的 7 种翅片的流动换热性能进行分析。图 4-7 为 $Re_{Dc}=530$ 时，Case1～Case6 纵向涡发生器翅片表面的温度分布。

图 4-7(a) 为 Case1 和 Case2 的计算结果，Case1 在上游区域的温度明显高于 Case2，这是由于 Case1 前排的小翼开孔在上游方向，导致部分流体通过开孔进入到下面的翅片通道中，同时冲刷通道下方的翅片表面，起到了扰动和减薄边界层，及强化对流换热的作用。

而 Case2 前排的小翼开孔在下游方向，垂直的三角小翼形成了一个减缩的通道，部分流体由于压力梯度的作用，翻过小翼在下游形成了纵向涡流动。

图 4-7(b)为 Case3 和 Case4 的计算结果，两种翅片在上游区域的温度分布几乎相同。在下游区域中，由于 Case3 的小翼开孔在上游方向，部分流体通过开孔进入到下面的翅片通道，起到了一定的强化换热作用。Case4 的小翼开孔在下游方向，使部分流体通过小翼和换热管之间的通道。对换热管后侧的尾迹区产生极大的扰动作用，换热性能明显提高。

图 4-7(c)为 Case5 和 Case6 的计算结果，这两种布置形式是常用的"向上流"和"向下流"布置，且三角小翼的开孔均在下游方向。从图中可以看出，Case5 中前排的三角小翼并没有对上游部分的换热性能进行强化，而是在其后方形成了纵向涡流动，强化了下游的换热性能。后排小翼对前排小翼所产生的纵向涡起到强化的作用，同时使部分流体扰动管后侧尾迹区，使下游部分的换热性能进一步强化。Case6 中由于前后排小翼的导流作用，使

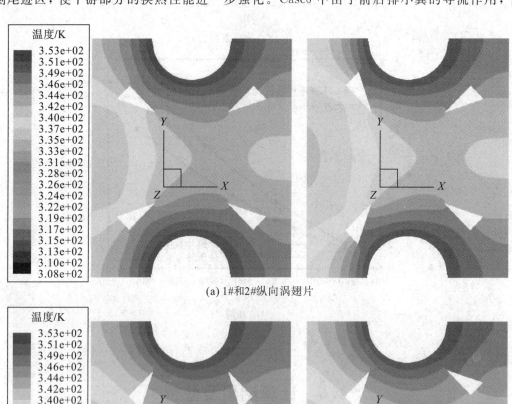

(a) 1#和2#纵向涡翅片

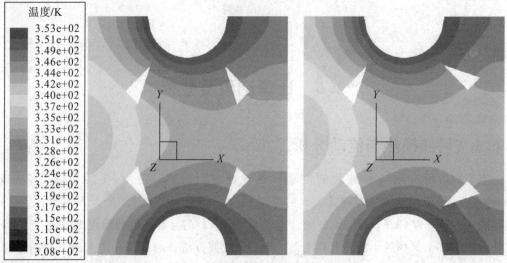

(b) 3#和4#纵向涡翅片

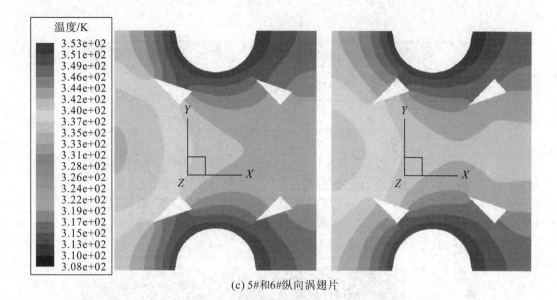

(c) 5#和6#纵向涡翅片

图 4-7　翅片表面温度分布($Re_{D_c}=530$)

流体冲刷管壁，强化了换热管壁面附近的换热性能。但在两对小翼的中间区域换热性能比较差。

如图 4-8 所示，为 $Re_{D_c}=530$ 时垂直于主流方向截面上的速度分布和速度矢量。图中可以看出，纵向涡使得流速较大而温度较低的空气，与近壁面处流速较小而温度较高的空气充分混合，达到了强化换热性能的目的。

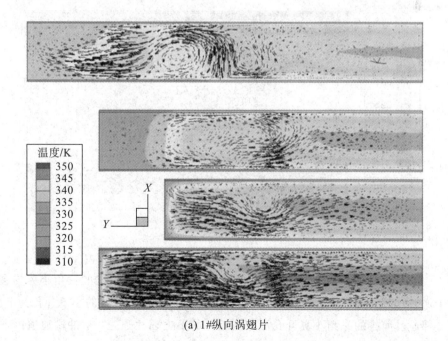

(a) 1#纵向涡翅片

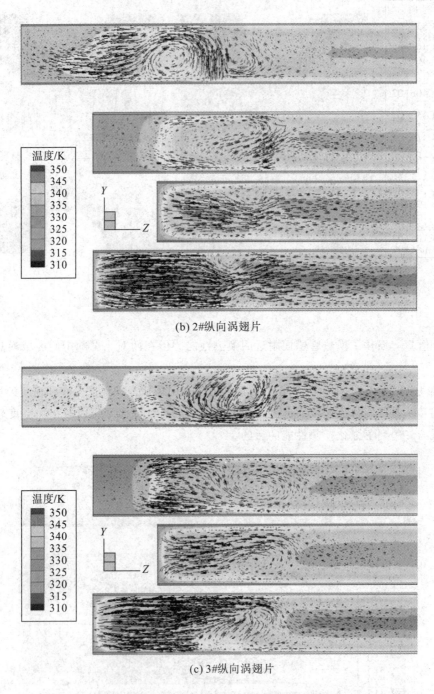

(b) 2#纵向涡翅片

(c) 3#纵向涡翅片

图 4-8 翅片通道截面速度分布及速度矢量（$Re_{Dc}=530$）（a）～（c）

图 4-8(a)和(b)为 Case1 和 Case2 的计算结果，这类布置形式的三角小翼均会在下游产生一个逆时针旋转的纵向涡流动。但不同的是，由于 Case1 前排的小翼开孔为上游方向，大量空气都通过前排的三角小翼开孔流入到相邻的下方翅片通道中，冲刷通道内下方的翅片表面。而在 Case2 中，几乎没有空气通过开孔。

　　图 4 - 8(b)为 Case3 和 Case4 的计算结果，两种翅片在上游的速度分布和速度矢量基本相同，但由于后排小翼的开孔方向不同，Case3 在下游产生一个顺时针旋转的纵向涡流动，而 Case4 在下游产生了两个旋转方向相反的纵向涡流动。

　　图 4 - 8(c)为 Case5 和 Case6 的计算结果。从图中可以看出，这两种布置形式的速度分布和速度矢量区别很大。

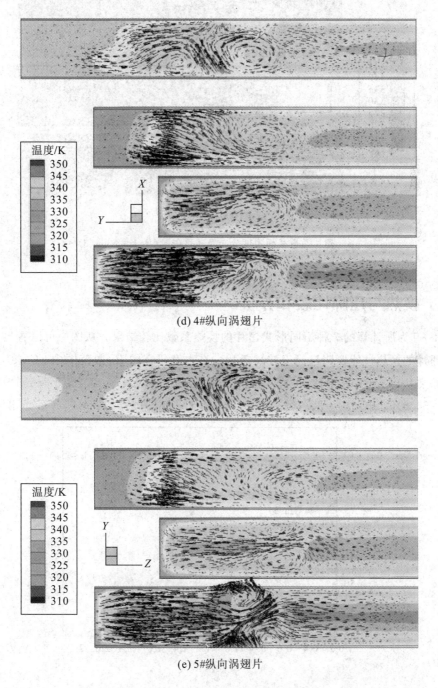

(d) 4#纵向涡翅片

(e) 5#纵向涡翅片

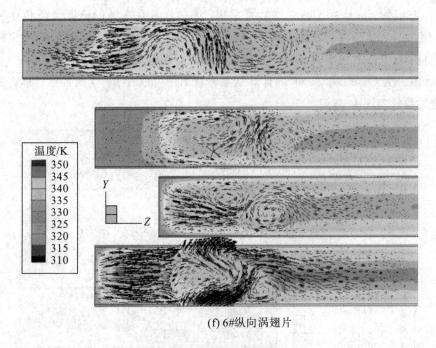

(f) 6#纵向涡翅片

图 4-8　翅片通道截面速度分布及速度矢量($Re_{D_c}=530$)(d)～(f)

4.6.2　换热与压降比较和分析

图 4-9 为所计算的 7 种不同形式翅片的换热系数比较结果。从图中可以看出，纵向涡发生器翅片的换热性能要明显优于波纹翅片。在本章研究的 Re 数范围内，Case1 到 Case6 的换热系数与 Case0 的相比，换热系数分别提高了 9.6%～32.7%、8.6%～30.0%、13.3%～34.8%、13.5%～34.7%、12.2%～34.1%和 7.7%～34.2%。Case3 和 Case4 的

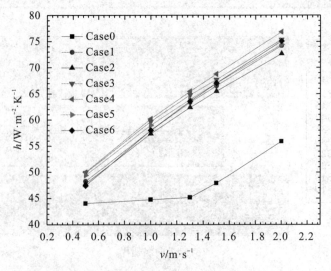

图 4-9　换热系数计算结果比较

换热性能最优。

采用不同形式的强化翅片，在换热性能改变的同时，相应的流动阻力特性也会发生变化。7 种不同翅片的压降计算结果如图 4－10 所示。从图中可以明显看出，所有纵向涡发生器翅片的大部分压降计算结果都小于波纹翅片。在研究的 Re 数计算范围内，与 Case0 相比，Case1 到 Case6 的压降分别降低了 6.0％～17.1％、5.4％～15.6％、－7.5％～3.8％、－7.4％～3.3％、－4.0％～6.3％和－3.0％～3.6％。其中负数表示纵向涡翅片的压降计算结果大于波纹翅片。可以看出，Case1 和 Case2 的阻力最小，其他 4 种纵向涡翅片的压降与波纹翅片的压降相差不大。

三角小翼纵向涡发生器翅片可以显著地增强换热器的换热性能，同时产生的阻力相对比较小，是一种非常高效的强化换热技术。另外，从上述计算结果中可以看出，传统的三角小翼布置方式（Case5 和 Case6）在换热性能和阻力特性两个方面均不是最佳的。

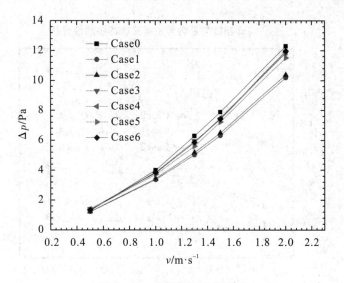

图 4－10　压降计算结果比较

4.6.3　场协同性分析

基于开缝翅片和纵向涡发生器翅片的换热性能和阻力特性的计算结果，进一步通过三场协同性进行分析。三场协同原理在第 2 章中已经做了介绍。用 θ 来描述速度矢量和温度梯度之间的协同角，用 α 来描述速度矢量和逆压力梯度之间的协同角。图 4－11 为波纹翅片与纵向涡发生器翅片的三场协同性能比较。

由图 4－11(a)可以看出，波纹翅片(Case0)的速度矢量与温度梯度之间的夹角最大，强化换热的场协同性最差，换热性能最低。Case3 和 Case4 的速度矢量与温度梯度之间的夹角最小，协同性能最好，换热性能最强。由图 4－11(b)可以看出，波纹翅片(Case0)的速度矢量与逆压力梯度之间的夹角最大，流动减阻的场协同性最差，阻力最大。Case1 和 Case2 的速度矢量与逆压力梯度之间的夹角最小、协同性能最好、阻力最小。

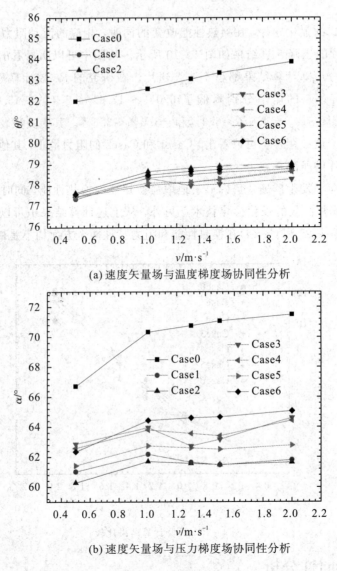

(a) 速度矢量场与温度梯度场协同性分析

(b) 速度矢量场与压力梯度场协同性分析

图 4-11　三场协同性能比较

4.6.4　综合性能评价

根据以上的分析，有些翅片形式在换热性能方面表现比较突出，另一些翅片形式在降低阻力方面更有优势，因此需要对不同翅片形式的流动换热综合性能进行评价和分析。由之前的比较分析可以看出，强化传热技术并不一定能够达到节能的目的，在上一节对强化传热机理进行了深入分析的基础上，本节利用第 2 章介绍的由本团队提出的以节能为目标的强化换热综合性能评价图来进行强化换热综合性能的评价和分析。

采用波纹翅片的计算结果作为比较的基准。将纵向涡翅片的阻力系数 f 和努塞尔数 Nu 与波纹翅片的计算结果的比值分别作为性能评价图的横坐标和纵坐标，如图 4-12 所示。

图 4-12 中，6 条不同线代表了 6 种不同布置的纵向涡发生器翅片，每一条线上的不同

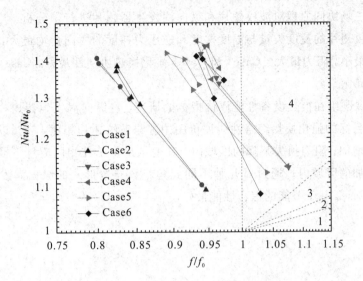

图 4-12　6 种纵向涡翅片综合性能比较

点代表了不同的 Re 数下的计算结果。从图 4-12 中看到，全部计算结果都位于 4 区和换热增强阻力下降区，在纵向涡强化翅片与波纹翅片的阻力系数 f 相同，即 $f/f_0=1$ 时，Case3和 Case4 的换热性能最好。

本 章 小 结

　　本章针对某企业对正在使用的波纹翅片需要更新的要求，通过研究，提出了 X 形纵向涡发生器翅片结构；对安装纵向涡发生器翅片的管翅式换热器空气侧换热性能和阻力特性进行了三维数值模拟计算和分析，重点研究了波纹翅片、4 种 X 形布置三角小翼翅片以及常用的"向上流""向下流"三角小翼翅片的流动换热性能，给出了对比后建议推荐的 Case3和 Case4 翅片，主要结论如下：

　　(1) 不同三角小翼布置形式的纵向涡发生器翅片，均可以使流体在小翼下游形成纵向涡流动，强化主流与近壁面流体之间的质量交换，扰动和破坏换热管后侧尾迹区，使换热性能得到增强。

　　(2) 与波纹翅片相比，Case1 到 Case6 纵向涡发生器翅片的换热系数分别提高了9.6%～32.7%、8.6%～30.0%、13.3%～34.8%、13.5%～34.7%、12.2%～34.1%和7.7%～34.2%；同时大部分工况的压降损失反而比波纹翅片有所降低。在 Re 数计算范围内，压降分别降低了 6.0%～17.1%、5.4%～15.6%、-7.5%～3.8%、-7.4%～3.3%、-4.0%～6.3%和-3.0%～3.6%。

　　(3) 三角小翼纵向涡发生器翅片是一种非常高效的强化换热技术。但是不同三角小翼的布置形式对其流动换热性能的影响很大。Case1 和 Case2 的流动阻力损失最小，而换热性能也比较小。Case3 和 Case4 的流动阻力比较大，但换热性能最好。从综合性能分析，Case3 和 Case4 在与波纹翅片相同阻力下，换热性能最好。

（4）通过三场协同原理对波纹翅片和纵向涡发生器翅片进行了分析，与纵向涡发生器翅片相比，波纹翅片的速度矢量与温度梯度和逆压力梯度的协同角均最大，三场协同性最差，换热性能最小，阻力最大。Case3 和 Case4 强化换热协同性最好，Case1 和 Case2 的流动减阻协同性最好。

（5）基于课题组在换热设备性能评价指标的研究，将纵向涡发生器翅片的计算结果标注在以节能为目标的强化换热综合性能评价图中。与波纹翅片相比，83％以上的计算结果位于换热性能增加、阻力损失下降的区域内，其他结果位于在相同流量下换热性能增加大于阻力损失增加的区域内。通过对几种不同三角小翼布置形式的纵向涡发生器翅片的比较，Case3 和 Case4 基于节能的综合性能最好。

第 5 章　非稳态脉动流动下纵向涡三角小翼通道的流动换热机理研究

5.1　问题的提出

　　流体的流动方式可分为非稳态流动和稳态流动。非稳态流动由于具有很高的实用价值而受到了广泛的关注，其中脉动流动是非稳态流动的一种典型流动方式，是自然界及工业生产中常见的一种流动现象，如低转速叶片所产生的流动、压缩机中的流体流动等。利用脉动流动来进行强化换热的方式是目前研究强化换热技术的一个新的方向。在流体流动过程中加入脉动扰动，可以使得流体在通道内产生漩涡，从而减薄速度边界层的厚度，同时使得流体流动过程中的不稳定程度增加，流体的混合程度加强，起到强化换热的作用[188-192]。

　　脉动流动传热起源于 20 世纪 30 年代，Richardson 等人[193]在对管内的稳态流及脉动流利用热线风速仪进行速度测量计算时发现，管内截面上的速度梯度理论值与计算值存在偏差，于是发现了脉动流的速度特性——环形效应，该发现便是脉动传热研究的起源。在随后的几年时间，学者们开始对脉动传热开展了深入研究。Allan T. Taylor 与 Frank B. West[194]对往复泵中产生的脉动水流进行了管内传热特性研究，得到了较好的强化换热效果；Robert Lemlich[195]据脉动流动传热实验得出了利用脉动传热方法强化传热比的计算方法，并对当时的脉动传热研究作了总结。从 20 世纪 70 年代开始，脉动传热研究进入了快速发展阶段。Wilkinson 与 Edwards[196]对管内脉动流动的应用前景进行了阐述，并基于脉动流动的动力学方程构思了脉动流动的准则方程；Thomann 和 Merkli[197]对管内脉动流动由层流向湍流过渡时的现象进行了研究，并提出了新的标准来界定；Norman A. Evans[198-199]研究了非稳态条件下的边界层传热问题，并对非稳态流体学科的研究前景进行了详细的阐述。随着脉动技术被广泛应用到传热学当中，脉动流动换热的研究更加深入[200-204]。Cho 等人[204]利用脉动实验研究总结出了脉动传热过程中层流状态下的边界层方程。Mackley[205]利用含有环形内肋片的圆管进行脉动实验时发现，包含有内肋片的管壁能够明显地强化脉动流动换热。Nishimura 等人[206,207]研究分析了二维波壁管中流体流动过程中的流场变化以及压力降。之后，Nishimura[208-210]又利用可视化实验研究了波纹通道内的脉动流动问题。Attya 和 Habib[211]利用空气作为介质对处于层流状态时的介质流动的脉动频率 f 与努塞尔数 Nu 和雷诺数 Re 的变化关系进行了研究，发现流体的脉动流动对换热特性有显著的效果。Greiner[212]借助于实验研究了脉动换热问题，发现存在一个最佳的脉

动频率 f，当流体处于最佳的脉动频率时，换热效果能够显著加强。国内虽然在脉动换热技术上起步较晚，但发展迅速，取得了很多成果。李志信[213]对具有环形内肋片的圆管进行层流条件下的数值模拟研究，借助于实验结果详细阐述了该类型的管材能够进行脉动流动换热的原理。何雅玲等人[214-215]模拟计算了周期性变化截面通道内脉动流动状况，并对截面周期性变化的通道内层流脉动流动强化换热效果进行了验证，发现在脉动流动条件下，流体间的混合程度较高，能够显著地增强换热能力；又对平板通道内脉动流动的换热特性进行了数值模拟，对脉动流动强化换热进行了深入研究。曾丹苓等人[216-217]发明了无源脉动发生器，利用该项技术进行了流体脉动强化换热特性研究，并对其进行了数值模拟，研究了脉动频率与强化换热程度之间的关系。王秋旺等人[218-219]研究了波纹通道内脉动流动状况，研究发现通道内流场在脉动流动时与稳态时有显著不同，研究发现脉动流动的换热强化程度随着雷诺数 Re、频率 f 的变化而变化。卞永宁等人[220-221]进行了脉动流动在波壁管中的换热实验研究，并进行了数值模拟验证，结果表明，波壁管中换热过程强化的根本原因是管内产生的漩涡增大，并发现强化换热程度与脉动流动的斯坦顿数 St 有关，存在一个最佳的斯坦顿数 St 使得漩涡强度及换热程度达到最大值。

在换热强化技术应用中，流动阻力也是影响换热效率的重要参数，在提高换热能力的同时，需要同时考虑流动阻力所带来的负面效应。在脉动流动过程中，同样还需考虑脉动流动的各个参数对瞬时泵功率的影响。目前对于脉动流动条件下换热性能的研究比较多，而对瞬时阻力的研究还比较少[222-223]。

为了研究脉动流动条件下纵向涡发生器翅片的换热性能与阻力特性，本章对安装有纵向涡发生器矩形通道内的流动换热进行了三维非稳态数值模拟。详细研究了安装有纵向涡发生器通道内速度场、温度场和涡量场之间的关系，深入分析了脉动流体通过纵向涡发生器后的流动与换热机理，进一步得到了换热性能与流动阻力特性，并将所有的计算结果标注在以节能为目标的强化传热综合性能评价图中，给出了 4 种不同脉动幅度和脉动周期工况下的综合性能。

5.2 物理模型

本章以安装有三角小翼纵向涡发生器的换热设备为研究对象，研究了三角小翼在脉动下的流动换热机理。为了避免通道形状对计算结果的影响，将管翅式换热器的翅片通道简化为矩形通道进行计算和研究。由于研究的换热器在几何结构上的周期性和对称性，选取相邻两个翅片间的距离为一个计算周期，横向取半个横向管间距作为计算区域，翅片采用带纵向涡发生器三角小翼的强化换热翅片，计算模型如图 5-1 所示。

H 为通道高度，通道的长度 $L=20H$，通道宽度 $W=2H$。三维坐标中 X 表示主流方向，Y 表示通道宽度方向，Z 表示通道高度方向。纵向涡发生器三角小翼的高度 $h=H$，长度 $l=2H$，小翼的厚度忽略不计。纵向涡发生器三角小翼的位置通过底部的中心点 P 进行描述。P 点与通道入口之间的距离 $s=2H$，相邻两个小翼之间的横向距离 $a=2H$，攻角

$\beta=45°$。为了保证入口均匀来流，以及出口无回流，实际计算区域为在入口处增加 4 倍通道高度的入口段，在出口处增加 20 倍通道高度的出口段。

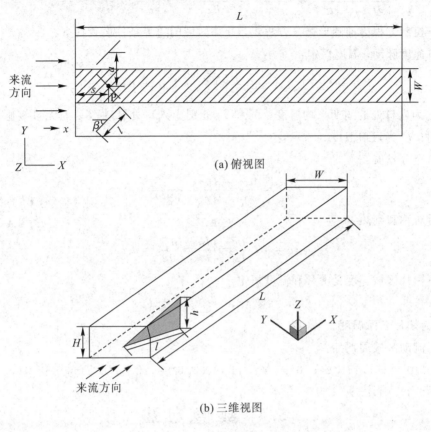

(a) 俯视图

(b) 三维视图

图 5-1　物理模型

5.3　控制方程和边界条件

由于空气沿通道流动方向的速度比较小，温差也比较小。计算区域内的流动视作三维、层流、非稳态、常物性、不可压缩流动，忽略黏性耗散。控制方程包括连续方程、动量方程和能量方程，具体的数学表达如下：

连续方程：

$$\frac{\partial u}{\partial x}+\frac{\partial v}{\partial y}+\frac{\partial w}{\partial z}=0 \tag{5-1}$$

动量方程：

$$\begin{cases}\dfrac{\partial u}{\partial t}+\dfrac{\partial (uu)}{\partial x}+\dfrac{\partial (vu)}{\partial y}+\dfrac{\partial (wu)}{\partial z}=-\dfrac{1}{\rho}\dfrac{\partial p}{\partial x}+\nu\left(\dfrac{\partial^2 u}{\partial x^2}+\dfrac{\partial^2 u}{\partial y^2}+\dfrac{\partial^2 u}{\partial z^2}\right)\\[2mm]\dfrac{\partial v}{\partial t}+\dfrac{\partial (uv)}{\partial x}+\dfrac{\partial (vv)}{\partial y}+\dfrac{\partial (wv)}{\partial z}=-\dfrac{1}{\rho}\dfrac{\partial p}{\partial y}+\nu\left(\dfrac{\partial^2 v}{\partial x^2}+\dfrac{\partial^2 v}{\partial y^2}+\dfrac{\partial^2 v}{\partial z^2}\right)\\[2mm]\dfrac{\partial w}{\partial t}+\dfrac{\partial (uw)}{\partial x}+\dfrac{\partial (vw)}{\partial y}+\dfrac{\partial (ww)}{\partial z}=-\dfrac{1}{\rho}\dfrac{\partial p}{\partial z}+\nu\left(\dfrac{\partial^2 w}{\partial x^2}+\dfrac{\partial^2 w}{\partial y^2}+\dfrac{\partial^2 w}{\partial z^2}\right)\end{cases} \tag{5-2}$$

能量方程：

$$\frac{\partial T}{\partial t} + \frac{\partial (uT)}{\partial x} + \frac{\partial (vT)}{\partial y} + \frac{\partial (wT)}{\partial z} = a\left(\frac{\partial^2 T}{\partial x^2} + \frac{\partial^2 T}{\partial y^2} + \frac{\partial^2 T}{\partial z^2}\right) \tag{5-3}$$

由于控制方程为椭圆形微分方程组，计算区域的边界条件设置如下：

入口速度脉动，温度恒定：

$$u = U_{in}\left[1 + A_u \sin\left(\frac{2\pi}{T_u}t\right)\right], \ v = w = 0, \ T = T_{in}$$

式中，U_{in} 为入口处的周期平均速度；A_u 和 T_u 分别为入口处脉动流动的无量纲脉动幅度和脉动周期；T_{in} 为入口温度。

出口充分发展：

$$\frac{\partial u}{\partial x} = \frac{\partial v}{\partial x} = \frac{\partial w}{\partial x} = \frac{\partial T}{\partial x} = 0$$

前后对称和绝热：

$$w = 0, \ \frac{\partial u}{\partial z} = \frac{\partial v}{\partial z} = \frac{\partial T}{\partial z} = 0$$

上下翅片区域速度无滑移和温度恒定：

$$u = v = w = 0, \ T = T_w$$

其中 T_w 为翅片表面温度。

上下流动区域周期性：

$$u(x, 0) = u(x, H), v(x, 0) = v(x, H), w(x, 0) = w(x, H), T(x, 0) = T(x, H)$$

5.4 数 值 方 法

采用前处理软件 GAMBIT 建立模型和生成需要的网格系统，网格划分采用分块混合网格技术。根据计算区域的几何特点，整个计算区域被分割成几个子区域，优先生成结构化网格，在复杂区域使用非结构化网格，为了保证计算精度，核心区的网格被加密，如图 5-2 所示。

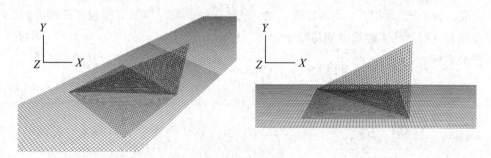

图 5-2　局部计算网格

采用 FLUENT 求解连续性、动量以及能量控制方程。三维模型采用有限元的非稳态独立求解器处理 N-S 方程和能量方程。SIMPLE 算法用于求解速度和压力耦合。相关的连续性、动量以及能量方程，对流项采用二阶迎风格式，扩散项采用中心差分。时间的离散采用二阶迎风的全隐格式。非稳态计算的时间步长为 $T_u/360$，在之后的章节进行时间步长独立性考核。时间步长内循环的收敛条件为连续方程、动量方程和能量方程残差小于 10^{-6}。

为了理解和方便计算结果的分析，一些参数和无量纲参数的定义如下：

雷诺数 Re 的定义为

$$Re = \frac{\rho u_m D_h}{\mu} \qquad (5-4)$$

式中，u_m 为最小通流面积 A_c 处的特征速度，特征长度 $D_h = \dfrac{4A_c}{P}$。

为了描述通道内的整体和局部换热性能，整体和局部换热 j 因子定义为

$$j = St \cdot Pr^{2/3} = \frac{Nu}{Re \cdot Pr^{1/3}}, \quad j_i = St_i \cdot Pr^{2/3} = \frac{Nu_i}{Re \cdot Pr^{1/3}} \qquad (5-5)$$

式中，各参数的计算方法为

$$Nu = \frac{hD_h}{\lambda} \qquad\qquad Nu_i = \frac{h_i D_h}{\lambda}$$

$$h = \frac{Q}{A\Delta T_m} \qquad\qquad h_i = \frac{Q_i}{A\Delta T_{m,i}}$$

$$Q = q_m c_p (T_{out} - T_{in}) \qquad Q_i = q_m c_p (T_i'' - T_i')$$

$$\Delta T_m = \frac{\Delta T_{max} - \Delta T_{min}}{\ln(\Delta T_{max}/\Delta T_{min})} \qquad \Delta T_{m,i} = \frac{\Delta T_{max,i} - \Delta T_{min,i}}{\ln(\Delta T_{max,i}/\Delta T_{min,i})}$$

$$\Delta T_{max} = \max(T_w - T_{in}, T_w - T_{out}) \qquad \Delta T_{max,i} = \max(T_w - T_i', T_w - T_i'')$$

$$\Delta T_{min} = \min(T_w - T_{in}, T_w - T_{out}) \qquad \Delta T_{min,i} = \min(T_w - T_i', T_w - T_i'')$$

为了描述通道内的整体和局部阻力特性，整体和局部阻力 f 因子定义为

$$f = \frac{p_{in} - p_{out}}{\frac{1}{2}\rho u_m^2} \frac{D_h}{L}, \quad f_i = \frac{p_i' - p_i''}{\frac{1}{2}\rho u_m^2} \frac{D_h}{L_i} \qquad (5-6)$$

式中，L 为沿流动方向的通道长度。

5.5　数值计算有效性验证

5.5.1　网格独立性考核

为了保证数值计算结果的有效性和精确性，文中对模型计算网格的独立性进行了考核。对网格数量约为 42 000、73 000、140 000、350 000、680 000 和 1 130 000 等 6 套网格进行了计算分析。在 6 套不同网格下，努塞尔数 Nu 和阻力系数 f 的计算结果如图 5-3 所示。为了节省计算资源，使计算效率与计算结果的精确度达到平衡，选用了网格数约为 680 000 的网格进行计算。

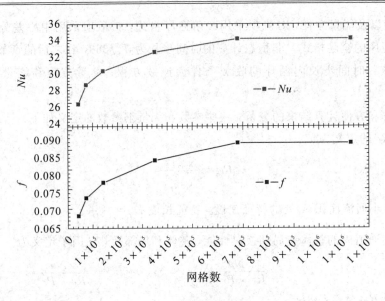

图 5-3   网格独立性考核

5.5.2   实验结果校核

为了验证计算模型和数值方法的正确性，将数值模拟结果与文献[224]中安装有纵向涡发生器矩形通道的实验结果进行比较。矩形通道几何尺寸为 400 mm×160 mm×27 mm ($L\times W\times H$)，一对三角小翼以渐扩方式布置于矩形通道中，三角小翼翼高等于通道高度，弦长为60 mm，攻角为30°，空气进口速度为(0.246～0.9) m/s。

数值计算采用与实验完全相同的参数进行，计算结果与文献[224]中实验结果的比较如图 5-4 所示。从图 5-4 可以看出，数值模拟结果和实验结果之间吻合得比较好，换热系数的模拟结果和实验结果平均偏差为 6.5%，最大偏差为 8.6%。存在偏差的原因经过分析可能有以下两点：①文献[224]中换热系数的实验不确定度为 4.4%；②文献[224]中的

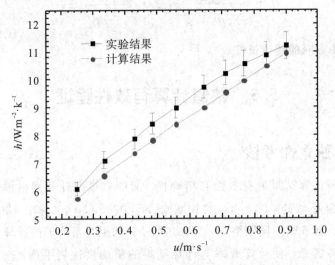

图 5-4   模拟结果与实验结果比较

翅片厚度为 2 mm，三角小翼为在翅片经过切割后翻卷而成，因此三角小翼的厚度也为 2 mm。而在数值模拟过程中，忽略了翅片和三角小翼的厚度，是造成一定误差的原因。综上所述，通过数值模拟结果与实验结果的对比，验证了本章计算模型和数值方法是正确的，计算结果是可靠的。

5.5.3　时间步长独立性考核

在非稳态计算中，如果选取的时间步长过小，会导致计算的总时间非常长，计算效率很低；如果选取的时间步长过大，那么截断误差会使得非稳态计算失去意义。为了寻求一个统一标准的时间步长，本节对非稳态问题计算时所采用的时间步长进行了独立性考核。选用 5 种不同的时间步长进行计算分析，分别是周期的 1/45、1/90、1/180、1/360 和 1/720。在 5 种不同时间步长下，进出口温差的计算结果如图 5-5(a)所示，进出口压差的计算结果如图 5-5(b)所示。由局部放大图可以看出，当时间步长减小到 1/360 周期时，计算结

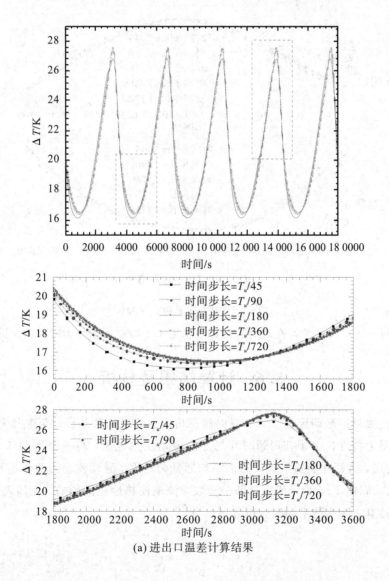

(a) 进出口温差计算结果

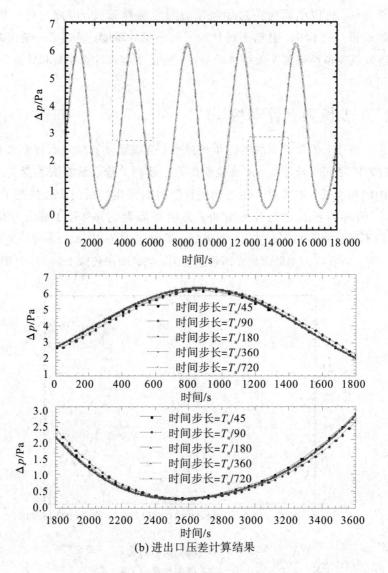

(b) 进出口压差计算结果

图 5-5　时间步长独立性考核

果可以视为与时间步长无关。在之后的计算中选用了 1/360 周期作为时间步长进行计算。

5.6　计算结果及分析

　　本章的主要目的是研究在安装有纵向涡三角小翼通道内脉动流动下整体和局部的换热性能和流动阻力特性。为了获得瞬时和局部的流动换热性能，将一个周期（0～2π）平均划分为 12 个时层，将翅片通道沿流动方向平均划分为 5 段。脉动流动的两个主要参数为脉动幅度 A_u 和脉动周期 T_u，为了研究这两个参数对流动换热性能的影响，在如表 5-1 所示的工况下进行计算，计算结果详细分析如下。

表 5 - 1　数值模拟计算工况

	$T_u = 3.6$ s	$T_u = 3600$ s
$A_u = 0.75$	Case1	Case3
$A_u = 0.25$	Case2	Case4

5.6.1　速度场分析

在入口速度的脉动幅度 $A_u = 0.75$ 脉动周期 $T_u = 3.6$ s 时，三角小翼纵向涡发生器下游界面的速度分布如图 5 - 6 所示，12 个时层的速度云图分别为图 5 - 6(a)到图 5 - 6(l)。当通道内的空气流过三角小翼时，由于纵向涡发生器上游与下游的逆压梯度使流体产生分离，在小翼的前缘处流体产生了纵向涡流，如图 5 - 6(a)中①所示，可以明显地看出纵向涡的流动形态。如图 5 - 6(a)中②和③为三角小翼所产生的纵向涡冲刷下表面和上表面的区域。按照时间顺序变化的剩余 11 个时层下的速度分布如图 5 - 6(b)到图 5 - 6(l)所示。可以看出，漩涡的强度随着入口速度的变化加强和减弱。图 5 - 6(c)为入口速度达到最大时纵向

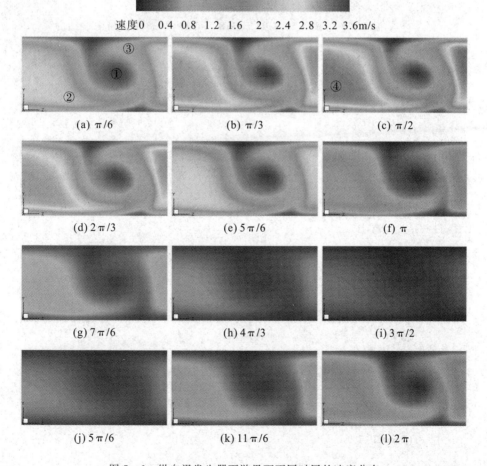

速度0　0.4　0.8　1.2　1.6　2　2.4　2.8　3.2　3.6m/s

(a) π/6　　　　　　(b) π/3　　　　　　(c) π/2

(d) 2π/3　　　　　(e) 5π/6　　　　　(f) π

(g) 7π/6　　　　　(h) 4π/3　　　　　(i) 3π/2

(j) 5π/6　　　　　(k) 11π/6　　　　(l) 2π

图 5 - 6　纵向涡发生器下游界面不同时层的速度分布

涡发生器下游界面所对应的速度分布,此时发现在相邻两个三角小翼之间,会形成强烈的流动加速区域,如图5-6(c)中④所示。随着入口速度的下降,漩涡流动的强度逐渐减弱,直到图5-6(i)达到最小,此时纵向涡已经不能够继续维持漩涡流动的形态,而是被小翼周围流过的流体所破坏。因此,在非稳态流动条件下,纵向涡随着入口速度周期性地向前传播。纵向涡发生器下游流体的流动形态会不断地产生周期性的复杂变化,使通道内的传热和传质性能得到强化。

5.6.2 温度场分析

速度场与温度场之间有着紧密的联系,图5-7为三角小翼纵向涡发生器下游界面处的温度分布随时间的变化,进一步揭示脉动流动下纵向涡发生器强化传热的机理。如图5-7(c)中①所示,在通道中安装三角小翼后,会使相邻小翼之间的区域产生传热恶化。当入口速度达到最大时,这个区域内的空气温度非常低,接近于空气入口温度,说明这一区域换热性能比较差,但是由于纵向涡的作用,三角小翼后方区域内壁面附近的温度梯度很大,说明这一区域具有较好的换热效果。当入口速度达到最小时,如图5-7(i)所示,主流区域

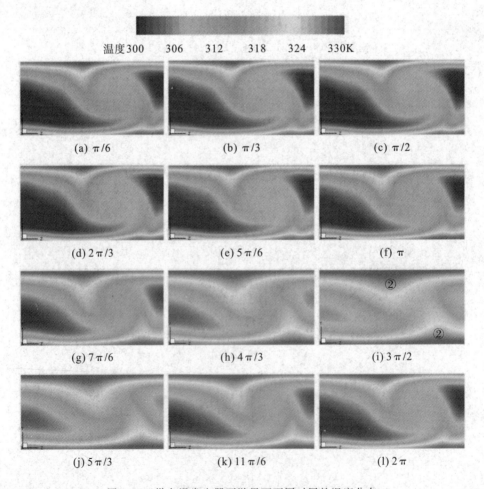

图5-7 纵向涡发生器下游界面不同时层的温度分布

的温度趋于一致，相邻小翼之间的平均温度明显提高，但近壁面区域如图 5 - 7(i) 中②所示，换热性能比较差。通过对比图 5 - 7(c) 和 (i) 可以看出，传热效果好和差的区域交替出现。因此，三角小翼纵向涡发生器在脉动流动下对换热的强化机理可以分为两步：① 在入口速度较大时，流体的一部分通过三角小翼产生纵向涡，强化了壁面和流体之间的换热性能，而另一部分由于小翼的导流作用，出现了局部传热恶化区；② 在入口速度较小时，高温流体与低温流体充分混合。综上所述，脉动流动使得纵向涡发生器在稳态流动中存在的缺点得到改善，使整体换热效果得到提升。

5.6.3　涡量场分析

上文中不论是对速度场的分析，还是对温度场的分析，均与涡量有着密切的关联。基于强化传热的场协同原理[166-167]，当速度矢量场和温度梯度场有较好协同性时，即速度矢量和温度梯度的夹角越小，传热得到强化。同时根据减小阻力的三场协同原理，速度场和压力场之间也存在最好的协同关系，即速度矢量和逆压力梯度之间的夹角越小，协同性越好。为了获得最佳的高效低阻流动传热性能，需要同时满足两个方面的协同性。根据上两节的研究，涡量在流动换热中起到了重要的作用，所以本节引入涡量场，进一步对脉动流动中纵向涡发生器的流动传热特性和机理进行研究。

以本章中的研究模型和坐标设置为例，Z 高度方向的涡量分量对强化换热并没有起到任何作用，同时还会增加流动阻力；Y 宽度方向的涡量分量符合强化传热的场协同原理，起到了强化换热的作用，但不符合流动减阻的场协同原理，造成阻力的增加非常大；X 流动方向的涡量分量不仅能够增强换热性能，还不会造成流动阻力的过大增加，是符合高效低阻要求的最优流动形态。

我们来分析 X 方向的涡量分量随时间的周期变化。图 5 - 8 为三角小翼纵向涡发生器下游界面上的 X 方向涡量分量分布。当入口速度达到最大时，如图 5 - 8(c) 所示，纵向涡的涡核(①)恰好处于三角小翼的正后方。X 方向涡量最强处位于小翼下游接近壁面的区域。在三角小翼使流体产生纵向涡的同时，会在上方产生角涡(②)。这种角涡可以在平直翅片区域持续很长时间，涡尾可以一直延伸到通道的下游，在更大范围的翅片表面强化对流换热性能。如图 5 - 8(c) 到 (i) 所示，随着入口速度的减小，纵向涡和角涡的强度也不断减弱。当入口速度变化到最小时，涡流的形态已经基本消失。但又会在下一个周期得到强化。脉动流动可以周期性地使得涡流强度增加，使通道内的传热和传质性能明显强化。

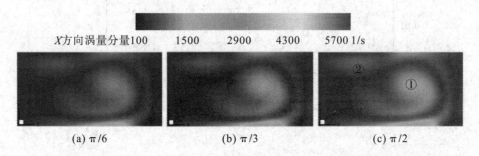

X 方向涡量分量 100　　　1500　　　2900　　　4300　　　5700 1/s

(a) π/6　　　　　　　(b) π/3　　　　　　　(c) π/2

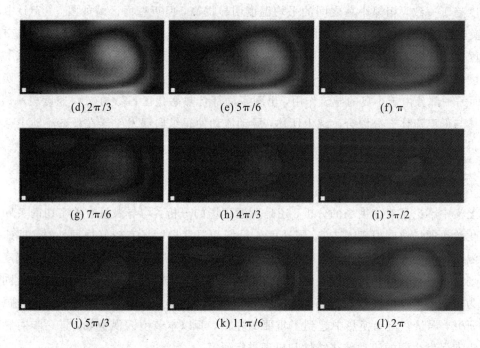

(d) $2\pi/3$ (e) $5\pi/6$ (f) π

(g) $7\pi/6$ (h) $4\pi/3$ (i) $3\pi/2$

(j) $5\pi/3$ (k) $11\pi/6$ (l) 2π

图 5-8　纵向涡发生器下游界面不同时层的涡量分布

5.6.4　换热性能分析

为了研究非稳态脉动流动下纵向涡发生器通道的换热性能，通过瞬时脉动换热 j 因子来描述脉动流动对换热性能的影响：

$$j_{i,\,t-s} = j_{i,\,t} - j_{i,\,s} \tag{5-7}$$

式中，$j_{i,\,t}$ 为非稳态时的换热 j 因子计算结果，$j_{i,\,s}$ 为稳态时的换热 j 因子计算结果。

在不同脉动幅度和脉动周期下的瞬时脉动换热 j 因子计算结果如图 5-9 所示。

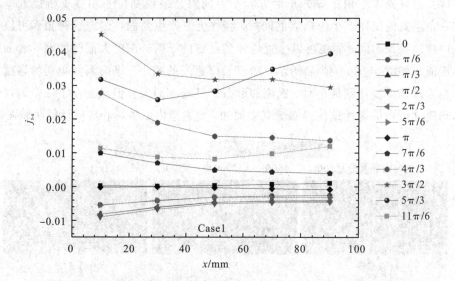

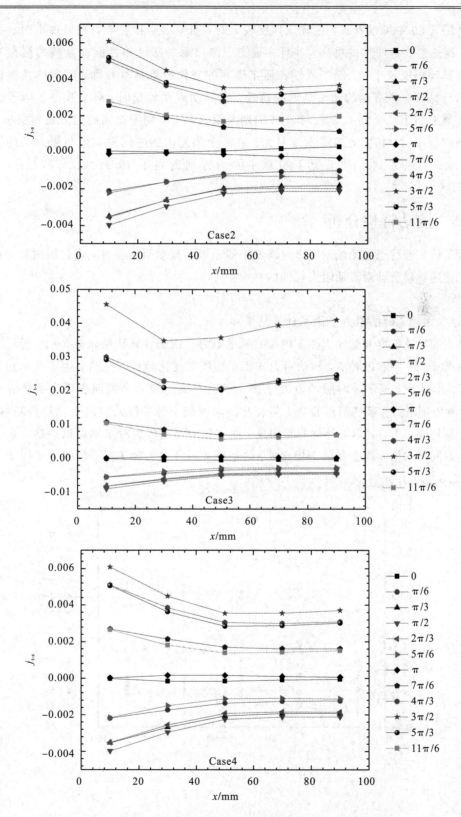

图 5 - 9   局部换热 j 因子沿流动随时间变化曲线

从图 5-9 中可以看出，在脉动幅度较大时，前半周期和后半周期呈现出明显的不对称性，换热性能有明显的提高，并且在通道下游出现局部换热性能在某些时层提升的现象。在脉动幅度较小时，前半周期和后半周期的变化趋势基本对称，但换热性能也有一定提高。另外一个有趣的现象是迟滞特性，在脉动周期较长时，脉动换热 j 因子的第一个 1/4 周期和第二个 1/4、第三个 1/4 周期及第四个 1/4 周期之间的迟滞误差很小，但在脉动周期很小时，相应的迟滞误差很大。在一个周期内的时间平均值与稳态条件下相比较，Case1~Case4 这 4 种工况下换热 j 因子分别提高了 19.15%、1.47%、24.96% 和 1.51%。

5.6.5　流动特性分析

为了研究非稳态脉动流动下纵向涡发生器通道的流动阻力特性，通过瞬时脉动阻力 f 因子来描述脉动流动对流动阻力特性的影响：

$$f_{i, t-s} = f_{i, t} - f_{i, s} \tag{5-8}$$

式中，$f_{i, s}$ 为稳态时的阻力 f 因子计算结果。

在不同脉动幅度和脉动周期下的瞬时脉动阻力 f 因子计算结果如图 5-10 所示。

从图 5-10 中可以看出，脉动阻力 f 因子曲线的变化趋势与换热 j 因子基本相同。在脉动幅度较大时，局部瞬时脉动阻力 f 因子的前半周期和后半周期表现出明显的不对称性，下游局部阻力在某些时层提高；但在脉动幅度较小时沿流动方向变化趋势基本对称。在脉动周期较小时，其迟滞特性非常明显；而在脉动周期较大时基本可以忽略。在一个周期内的时间平均值与稳态条件下相比较，Case1~Case4 这 4 种工况下的阻力 f 因子分别增加了 17.61%、1.06%、17.58% 和 1.06%。

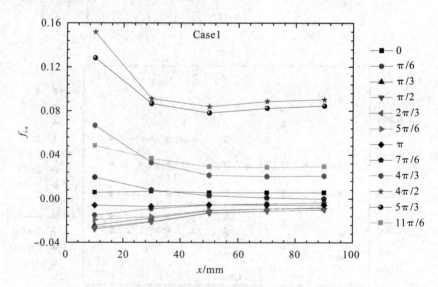

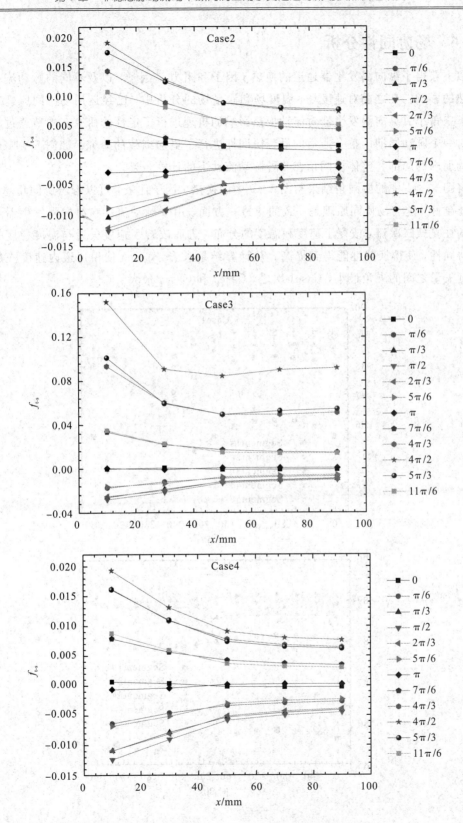

图 5-10　局部阻力 f 因子沿流动随时间变化曲线

5.6.6 场协同性分析

以上获得了纵向涡发生器通道的换热 j 因子和阻力 f 因子，以及不同的脉动流动对流动换热的影响。在之前对速度场、温度场和涡量场的分析中，已经运用场协同原理对脉动流动下三角小翼纵向涡发生器对流动换热影响的机理进行了定性的研究。本节通过场协同原理对一个脉动周期内整个通道的沿程协同性进行了更加细致的研究。如图 5-11 所示为一个周期内的局部和整体协同角在 4 种脉动流动下的计算结果。

将图 5-11 中的协同角结果与图 5-9 中的换热 j 因子比较，可以看出协同角越小，换热性能越好，这与场协同原理是一致的。另一方面，由于脉动流动在纵向涡发生器通道内引起的往复式二次流，改变了速度和温度的分布，进而改善了速度矢量与温度梯度矢量之间的协同性，使得换热性能得到提高。从计算结果来看，Case3 使得通道内速度矢量和温度梯度矢量之间的夹角最小，Case1 次之，Case2 和 Case4 最大。

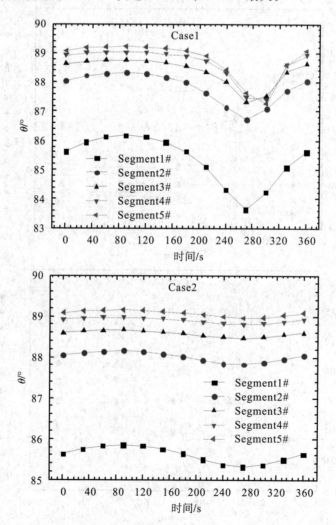

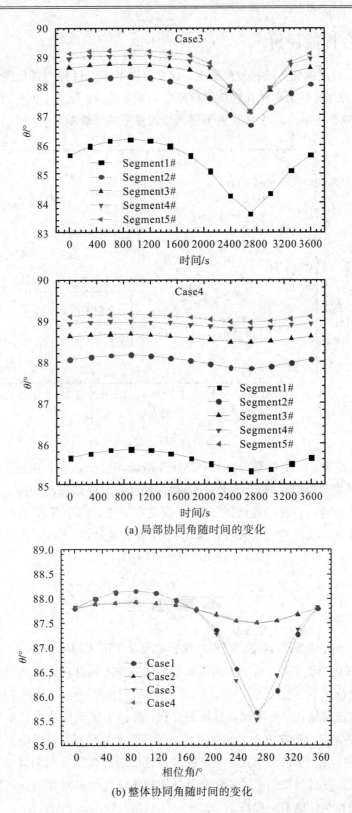

(a) 局部协同角随时间的变化

(b) 整体协同角随时间的变化

图 5-11　局部与整体协同角沿流动随时间变化曲线

5.6.7　综合性能评价

基于本课题组对强化传热机理的研究，建立了以节能为目标的强化传热综合性能评价图[180]，将本章的计算结果标注在性能评价图中，如图 5-12 所示。图中，不同颜色的 4 条线的点代表 Case1～Case4 一个周期内不同入口流速下的计算结果。

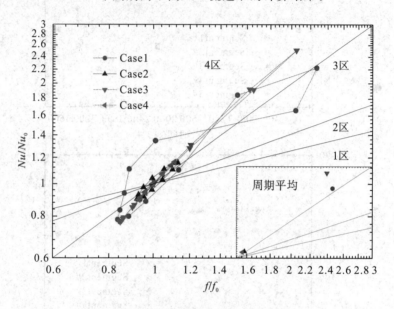

图 5-12　以节能为目标的综合性能评价图

由图 5-12 看到，一个周期内的大部分计算结果均位于 3 区和 4 区，说明在非稳态脉动流动下纵向涡发生器小翼的流动换热综合性能比稳态时得到提高。将一个周期的平均计算结果表示在以节能为目标的性能评价图中（参见右下角处的小图），可以看出 4 个点均分布在评价图的 4 区。从计算结果来看，Case3 的综合性能最好，Case1 次之，Case2 和 Case4 最差。

本 章 小 结

为了研究三角小翼纵向涡发生器翅片在脉动流动工况下的流动换热机理，本章通过三维稳态和非稳态数值模拟，分析了纵向涡发生器通道在不同脉动幅度和周期下的换热及阻力特性，主要结论如下：

（1）通过对速度场、温度场和涡量场的分析，揭示了脉动流动下三角小翼纵向涡发生器对流动和换热性能的影响机理。结果显示，引入脉动流动后，可以明显改善稳态流动时纵向涡发生器的不足；在前半周期，较高的进口速度会产生更大的涡量强度，提高翅片与空气间换热性能；在后半周期，可以改善冷空气和热空气的传质性能。两种不同的流动形态交替出现，使换热性能得到提高。

（2）入口处脉动流动的振幅和周期对通道内的流动换热性能有很大的影响。在较大振幅时，脉动换热 j 因子和阻力 f 因子沿流动方向呈现明显的非对称性，并且在通道下游有一定的增加；而在振幅较小时，j 因子和 f 因子沿流动方向基本对称。在较小周期时，脉动换热 j 因子和阻力 f 因子沿流动方向呈现明显的迟滞特性；而在周期较大时，几乎没有迟滞误差。

（3）在脉动流动下，通道内的换热和阻力均增大。Case1～Case4 的整体周期平均换热 j 因子与稳态相比分别提高了 19.15％、1.47％、24.96％和 1.51％。相应的整体周期平均阻力 f 因子分别提高了 17.61％、1.06％、17.58％和 1.06％。换热性能的提高大于阻力的增加。

（4）速度矢量与温度梯度之间的协同角越小，意味着更好的协同性以及更高的换热性能强化。速度矢量与温度梯度之间协同角的瞬态变化趋势与入口速度基本相同。沿流动方向，协同角由小变大。Case3 流动使得通道内速度矢量和温度梯度之间的夹角最小，Case1 次之，Case2 和 Case4 最大。

（5）以节能为目标的强化传热综合性能评价图的分析表明，Case1～Case4 的瞬态综合性能大部分分布在评价图的 3 区和 4 区，周期平均值均位于 4 区。说明相同流量下，换热性能的强化大于阻力的增加。Case3 流动获得的周期平均综合性能最好，Case1 次之，Case2 和 Case4 最差。

第6章　余热利用中波动性对 H 形翅片换热器影响的数值模拟研究

6.1　问题的提出

近年来，由于生态环境问题不断加剧，化石能源价格不断上涨，全世界的国家都在重新审视能源利用的形式和能源的再利用技术。为了获得工业能源转换系统的最大效率，余热的回收利用成为了人们关注的热点之一，也是全球未来清洁和可持续发展的一个重要的课题。余热是指在燃料燃烧或化学反应的过程中所产生而直接排放到环境中的那部分热量，如果能够将这些余热进行回收和利用，可以提高化石能源的利用效率，从而节省化石能源并有效减少污染排放。为了回收和利用存储在烟气中的余热，通常采用管翅式换热器，因此，针对余热应用背景下的换热器的强化换热研究成为目前研究的热点之一。

与通常的流动换热过程相比，工业烟气的余热利用过程具有一个重要特性——流动的间歇波动性，即烟气的流量随时间是不断变化的，这种流量的变化可以分为随机性波动和周期性波动。通常，烟气的随机性波动变化范围在正常操作过程中不会很大；而周期性波动是由生产的工艺过程决定的，它的变化范围通常都比较大，对流动换热的性能影响也比较大。

对于工业余热来说，常用的波纹、开缝等管翅式换热器翅片形式，由于其结构比较复杂，翅片间距比较紧密，只适合应用于清洁介质的强化换热。在余热利用中，通常采用 H 形翅片的管翅式换热器。H 形翅片独特的结构，使它具有很好的抗磨损和抗积灰特性，这些特性在余热回收时必须考虑。文献[225]对 H 形翅片管翅式换热器的流动和阻力特性进行了实验研究；文献[226]对单 H 形翅片和双 H 形翅片管翅式换热器的空气侧流动和阻力特性进行了实验及数值模拟研究，并对速度场和温度场进行了分析；文献[227]对 H 形翅片管翅式换热器进行了数值模拟研究，分析了管排数和纵向间距对换热性能的影响；文献[228]系统地研究了 H 形翅片几何结构对换热性能和阻力特性的影响，并获得了关联式。

本章在上一章研究脉动流动下纵向涡发生器流动换热特性的基础上，对波动流动下各个运行工况参数对 H 形翅片管翅式换热器换热性能和阻力特性的影响机理进行了系统的研究。为了研究波动对 H 形翅片管翅式换热器换热效率的影响，对 3 个主要参数（分别是波动的时均速度、波动的幅度和波动的周期）进行了数值模拟研究，最终获得多参数换热和阻力关联式。本章的研究结果不但可以应用于当前的 H 形翅片余热换热器的计算，同时也可以作为更复杂工况条件下 H 形翅片流动换热性能研究的基础。

6.2　物理模型

选取工业上常用的 H 形翅片管翅式换热器，管排布置方式为顺排，管排数为 10 排，H 形翅片的安装布置形式如图 6-1 所示，其中图 6-1(a)和图 6-1(b)分别为俯视图和侧视图。H 形翅片管翅式换热器的几何参数参见表 6-1。翅片的长度为 H，H 形翅片中间开缝的宽度为 W，相邻两个翅片之间的间距为 F_p，翅片的厚度为 F_t，换热管的外径为 D，横向和纵向相邻两个换热管之间的距离分别为 S_1 和 S_2，换热管排数为 N。

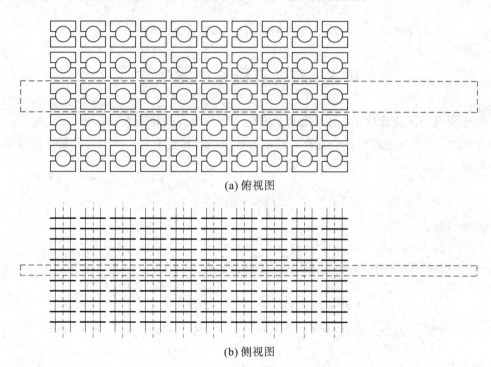

(a) 俯视图

(b) 侧视图

图 6-1　10 排 H 形翅片换热器示意图

表 6-1　10 排 H 形翅片管几何结构参数

H/mm	W/mm	F_p/mm	F_t/mm	D/mm	S_1/mm	S_2/mm	N
73.4	15	16.875	2.5	38	108	120	10

由于研究的换热器在几何结构上的周期性和对称性，选取图 6-1 中矩形虚线框所包含的区域进行计算。10 排 H 形翅片换热表面的三维计算模型如图 6-2 所示。在三维正交坐标的流动中，X 方向表示主流方向，Y 方向为翅片宽度方向，Z 方向为翅片间距方向。为了保证入口均匀来流以及出口无回流，实际计算区域为在入口处增加 1 倍换热管纵向间距作为入口段，在出口处增加 5 倍换热管纵向间距作为出口段。

图 6 - 2　三维 H 形翅片表面数值计算模型

6.3　控制方程和边界条件

由于空气的流速比较小，并且沿流动方向空气的温度变化不大，采用三维、湍流、非稳态、常物性、不可压缩模型进行计算。控制方程包括连续性方程、动量方程和能量方程。

连续方程：

$$\frac{\partial u}{\partial x} + \frac{\partial v}{\partial y} + \frac{\partial w}{\partial z} = 0 \tag{6-1}$$

动量方程：

$$\begin{cases} \dfrac{\partial u}{\partial t} + \dfrac{\partial (uu)}{\partial x} + \dfrac{\partial (vu)}{\partial y} + \dfrac{\partial (wu)}{\partial z} = -\dfrac{1}{\rho}\dfrac{\partial p}{\partial x} + \nu\left(\dfrac{\partial^2 u}{\partial x^2} + \dfrac{\partial^2 u}{\partial y^2} + \dfrac{\partial^2 u}{\partial z^2}\right) \\[2mm] \dfrac{\partial v}{\partial t} + \dfrac{\partial (uv)}{\partial x} + \dfrac{\partial (vv)}{\partial y} + \dfrac{\partial (wv)}{\partial z} = -\dfrac{1}{\rho}\dfrac{\partial p}{\partial y} + \nu\left(\dfrac{\partial^2 v}{\partial x^2} + \dfrac{\partial^2 v}{\partial y^2} + \dfrac{\partial^2 v}{\partial z^2}\right) \\[2mm] \dfrac{\partial w}{\partial t} + \dfrac{\partial (uw)}{\partial x} + \dfrac{\partial (vw)}{\partial y} + \dfrac{\partial (ww)}{\partial z} = -\dfrac{1}{\rho}\dfrac{\partial p}{\partial z} + \nu\left(\dfrac{\partial^2 w}{\partial x^2} + \dfrac{\partial^2 w}{\partial y^2} + \dfrac{\partial^2 w}{\partial z^2}\right) \end{cases} \tag{6-2}$$

能量方程：

$$\frac{\partial T}{\partial t} + \frac{\partial (uT)}{\partial x} + \frac{\partial (vT)}{\partial y} + \frac{\partial (wT)}{\partial z} = a\left(\frac{\partial^2 T}{\partial x^2} + \frac{\partial^2 T}{\partial y^2} + \frac{\partial^2 T}{\partial z^2}\right) \tag{6-3}$$

由于控制方程组为椭圆形偏微分方程，计算区域的边界条件可设置如下：

入口波动速度和恒定温度：

$$u = U_{\text{in}}\left[1 + A_u\sin\left(\frac{2\pi}{T_u}t\right)\right], \ v = w = 0, \ T = T_{\text{in}}$$

式中，U_{in} 为周期平均速度，A_u 和 T_u 分别为无量纲波动幅度和波动周期。

前后对称和绝热：

$$w = 0, \frac{\partial u}{\partial z} = \frac{\partial v}{\partial z} = \frac{\partial T}{\partial z} = 0$$

上下周期性：

$$u(x, 0) = u(x, F_p), \ v(x, 0) = v(x, F_p), \ w(x, 0) = w(x, F_p), \ T(x, 0) = T(x, F_p)$$

换热管表面速度无滑移，温度恒定：

$$u = v = w = 0, \ T = T_{\mathrm{w}}$$

翅片表面速度无滑移，温度流固耦合：

$$u = v = w = 0, \ T \big|_{\text{流体侧}} = T \big|_{\text{固体侧}}, \ q \big|_{\text{流体侧}} = q \big|_{\text{固体侧}}$$

6.4　数值方法

采用前处理软件 GAMBIT 建立模型并生成需要的网格系统。根据计算区域的几何特点，采用分块网格技术。整个计算区域被分割成几个子区域，采用全结构化网格，为了保证计算精度，核心区的网格被加密。

采用商业软件 FLUENT 来求解相关的连续性、动量、能量方程以及相应的边界条件。三维模型的 N‑S 方程和能量方程采用有限元非稳态独立求解器进行计算，湍流模型采用 RNG k‑ε 模型，近壁面模型采用强化表面处理。SIMPLE 算法用于求解速度和压力耦合。动量方程和能量方程的对流项采用二阶迎风格式；扩散项采用中心差分；时间离散采用二阶全隐格式。为了明确物理意义，一些无量纲参数的定义如下：

雷诺数 Re 的定义为

$$Re = \frac{\rho u_{\mathrm{m}} D_{\mathrm{h}}}{\mu} \tag{6-4}$$

式中，u_{m} 为最小通流面积 A_{c} 处的特征速度，特征长度 $D_{\mathrm{h}} = \dfrac{4A_{\mathrm{c}}}{P}$。

努塞尔数 Nu 用于描述换热性能，定义式为

$$Nu = \frac{hD_{\mathrm{h}}}{\lambda} \tag{6-5}$$

式中，换热系数 $h = \dfrac{Q}{A \Delta T_{\mathrm{m}}}$，是通过换热量 Q 和平均对数温差 ΔT_{m} 计算得出的，换热量 $Q = q_m c_p (T_{\mathrm{out}} - T_{\mathrm{in}})$，平均对数温差为

$$\Delta T_{\mathrm{m}} = \frac{(T_{\mathrm{w}} - T_{\mathrm{in}}) - (T_{\mathrm{w}} - T_{\mathrm{out}})}{\ln [(T_{\mathrm{w}} - T_{\mathrm{in}}) / (T_{\mathrm{w}} - T_{\mathrm{out}})]}$$

由于欧拉数 Eu 数可以反映出管排数对阻力特性的影响，因此选取 Eu 数用于描述流动的阻力特性，定义式为

$$Eu = \frac{p_{\mathrm{in}} - p_{\mathrm{out}}}{\frac{1}{2} \rho u^2} \frac{1}{N} \tag{6-6}$$

式中 N 为沿流动方向的管排数。

6.5　数值计算有效性验证

为了保证数值计算结果的有效性和精确性，文中对模型计算网格的独立性进行了考

核,选取 7 套网格进行了计算分析。为了节省计算资源,使计算效率与计算结果的精确度达到平衡,本章选用网格数约为 1 270 000 的网格进行计算。

为了校核计算模型和数值的方法的可靠性,对表 6-1 中所示几何参数的 H 形翅片管翅式换热器进行了稳态数值模拟,入口速度选取 1~20 m/s,相应的 Re 数约为 2600~52 000。将计算结果与本课题组通过大量计算回归获得并经过实验验证的关联式[228]进行对比,关联式分别为式(6-7)和式(6-8)。Nu 数和 Eu 数的对比结果如图 6-3 所示,90% 的 Nu 数计算结果误差在 5.0% 以内,平均误差为 1.5%。Eu 数的计算误差均小于 0.5%,平均误差为 0.12%。数值计算结果与关联式的预测值相符合,说明本章所采用的计算模型和数值的方法是可靠的。

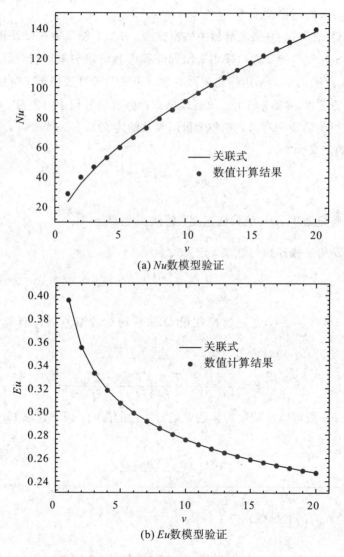

(a) Nu 数模型验证

(b) Eu 数模型验证

图 6-3　Nu 和 Eu 数值计算结果与关联式比较

$$Nu = 1.66Re^{0.585} \left(\frac{F_p}{D}\right)^{0.389} \left(\frac{F_t}{D}\right)^{0.165} \left(\frac{S_1}{D}\right)^{-1.108} \left(\frac{S_2}{D}\right)^{0.293} \left(\frac{H}{D}\right)^{-0.624} \left(\frac{W}{D}\right)^{0.029}$$

$$(6-7)$$

$$Eu = 11.63Re^{-0.157} \left(\frac{F_p}{D}\right)^{-0.693} \left(\frac{F_t}{D}\right)^{0.375} \left(\frac{S_1}{D}\right)^{-3.026} \left(\frac{S_2}{D}\right)^{-0.388} \left(\frac{H}{D}\right)^{1.835} \left(\frac{W}{D}\right)^{-0.002}$$

$$(6-8)$$

6.6　计算结果及分析

在以上模型验证正确性的基础上，下面对 10 排 H 形翅片管翅式换热器在波动流动下的换热和阻力特性进行详细的分析，重点分析波动性的 3 个特征参数（时均速度、无量纲波动幅度和波动周期）对 H 形翅片换热和阻力特性的影响情况。

6.6.1　时均速度的影响

为了研究波动流动中时均速度对 H 形翅片管翅式换热器流动换热特性的影响，对入口截面处不同时均速度时的 H 形翅片通道进行了数值模拟对比分析。时均速度的变化范围是 6～15 m/s，无量纲波动幅度选取为 0.5，波动周期选取为 3600 s，具体的计算工况如表6-2 所示。

表 6-2　时均速度计算工况

时均速度/m·s⁻¹									
6	7	8	9	10	11	12	13	14	15

时均速度对 Nu 数的影响随 Re 数和相位角的变化分别如图 6-4(a)和图 6-4(b)所示。在不同时均速度的波动流动下，Nu 数随 Re 数的变化而趋势基本相同，并且在不同工况下，同一 Re 数时的 Nu 数计算结果也基本相同。由于不同工况下的计算结果几乎重叠在一起，为了进一步研究时均速度对换热性能的影响，将这些重叠在一起的线条横向分散开，如图 6-4(a)中的右下角小图所示，从图中可以看出，随着 Re 数的上升和下降，Nu 数增加和减小的两条线基本重合，几乎没有迟滞现象，尤其是在 Re 数的极大值和极小值处，Nu 数计算结果表现出明显的转折点。这说明波动流动对 H 形翅片管翅式换热器的换热性能影响不大，在相同 Re 数时，波动流动和稳态流动的 Nu 数基本相等。由于波动流动的时均速度不同，随着 Re 数的变化，Nu 数的起始点值和变化范围也不同。这表明在波动流动中，时均速度会对 H 形翅片管翅式换热器的周期平均换热性能产生一定的影响。Nu 数随时间的变化趋势呈现出正弦曲线，与入口处的速度变化趋势基本一致。

随着换热性能的变化，流动阻力特性也相应发生变化。时均速度对 Eu 数的影响随 Re 数和相位角的变化分别如图 6-5(a)和图 6-5(b)所示。在不同时均速度下，随着 Re 数的上升和下降，Eu 数减小和增加的曲线围成一个封闭的环形，呈现出明显的迟滞特性。这说明波动流动对 H 形翅片管翅式换热器的流动阻力特性有很大的影响。随着时

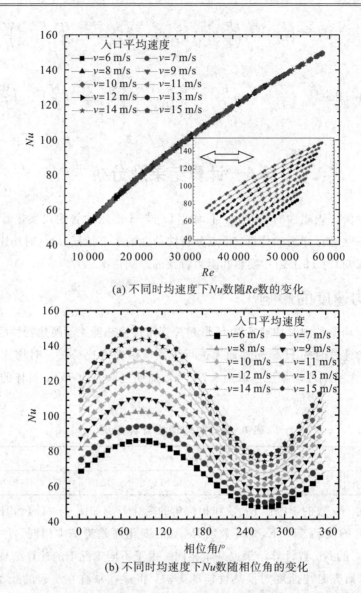

(a) 不同时均速度下 Nu 数随 Re 数的变化

(b) 不同时均速度下 Nu 数随相位角的变化

图 6-4　时均速度在一个周期内对 Nu 数的影响（$v=6\sim15$ m/s）

均速度的增大，Eu 数的计算结果减小。在 Re 数的极值附近，Eu 数过渡得很平滑，但没有明显的转折点。Eu 数随时间的变化趋势呈现出负的正弦曲线，与入口处的速度变化趋势相反。综上所述，不同时均速度的波动流动对 H 形翅片管翅式换热器的流动和换热性能均会产生影响。

　　以上分析了一个周期内的瞬态性能，但换热器的实际使用性能，应该通过周期平均的流动和阻力特性进行评判和分析。时均速度对周期平均 Nu 数和 Eu 数的影响分别如图 6-6(a)和图 6-6(b)所示。周期平均 Nu 数随着时均速度的上升，基本呈现出指数函数上升的趋势；同时，周期平均 Eu 数随着时均速度的上升，基本呈现出指数函数下降的趋势。由此可知，周期平均速度越大，综合性能越好。

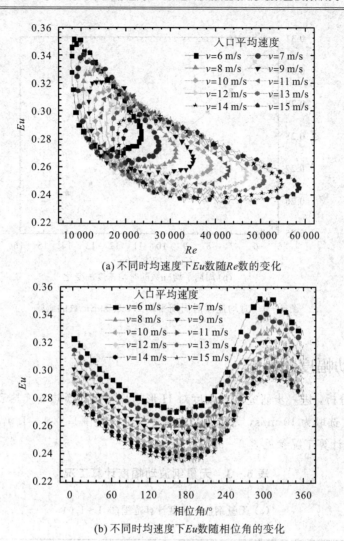

(a) 不同时均速度下 Eu 数随 Re 数的变化

(b) 不同时均速度下 Eu 数随相位角的变化

图 6-5　时均速度在一个周期内对 Eu 数的影响($v=6\sim15$ m/s)

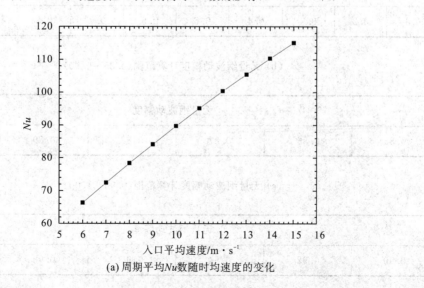

(a) 周期平均 Nu 数随时均速度的变化

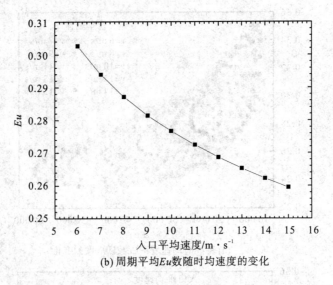

(b) 周期平均Eu数随时均速度的变化

图 6 - 6 时均速度对周期平均 Nu 数和 Eu 数的影响

6. 6. 2 波动幅度的影响

基于上述分析，进一步研究波动幅度对 H 形翅片管翅式换热器换热和流动阻力特性的影响，时均速度选取为 10 m/s，无量纲波动幅度的变化范围是 0.1～1.0，波动周期选取为 3600 s，具体的计算工况参见表 6 - 3。

表 6 - 3 无量纲波动幅度计算工况

（a）无量纲波动幅度计算范围（0.1～1.0）

无量纲波动幅度									
0.1	0.2	0.3	0.4	0.5	0.6	0.7	0.8	0.9	1.0

（b）无量纲波动幅度计算范围（0.85～0.90）

无量纲波动幅度					
0.85	0.86	0.87	0.88	0.89	0.90

（c）无量纲波动幅度计算范围（0.90～1.00）

无量纲波动幅度					
0.90	0.92	0.94	0.96	0.98	1.00

如表 6 - 3(a)所示,在整个参数范围中均匀选取 10 个工况点进行计算,不同波动幅度下的换热性能比较参见图 6 - 7。波动幅度对 Nu 数的影响随 Re 数和相位角的变化分别如图 6 - 7(a)和图 6 - 7(b)所示。在较大 Re 数下,Nu 数的变化曲线与图 6 - 4(a)中相似。但是,在 Re 数极小值附近,Nu 数的变化出现了明显的扭曲现象。重合在一起的曲线横向散开,如图 6 - 7(a)中的右下角小图所示。在波动幅度较小时,Nu 数随 Re 数的变化趋势基本相同,并且几乎没有迟滞现象;随着波动幅度的增大,Nu 数的迟滞现象越来越明显;当波动幅度增大到 1.0 时,Nu 数曲线在 Re 数极小值附近出现了极大的扭曲。

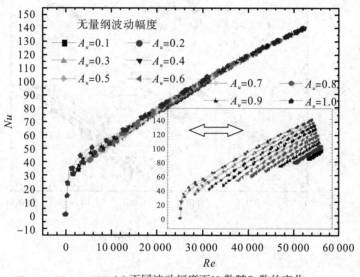

(a) 不同波动幅度下 Nu 数随 Re 数的变化

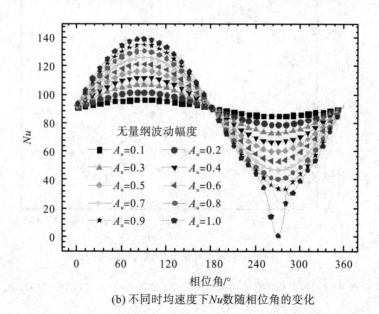

(b) 不同时均速度下 Nu 数随相位角的变化

图 6 - 7　波动幅度在一个周期内对 Nu 数的影响($A_u = 0.1 \sim 1.0$)

由于计算工况的间隔比较大，无法获得细节的变化特性，相邻两工况的计算结果变化不连续。因此，在变化不连续的工况点之间选取更多的工况点进行计算。由图 6-7 可以看出，在无量纲波动幅度为 0.85 到 1.0 之间需要进一步详细计算，计算工况如表 6-3(b) 和图 6-3(c) 所示，Nu 数的计算结果分别如图 6-8 和图 6-9 所示，随着波动幅度的增大，Nu 数基本是连续变化的。

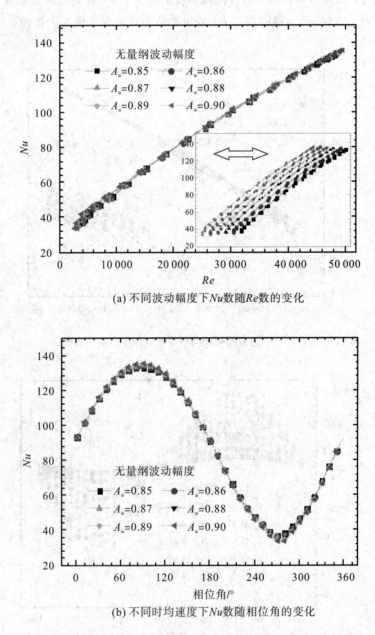

(a) 不同波动幅度下 Nu 数随 Re 数的变化

(b) 不同时均速度下 Nu 数随相位角的变化

图 6-8　波动幅度在一个周期内对 Nu 数的影响（$A_u = 0.85 \sim 0.90$）

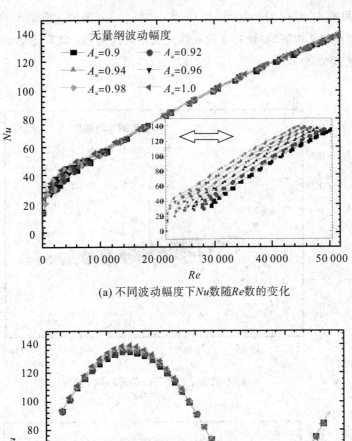

(a) 不同波动幅度下 Nu 数随 Re 数的变化

(b) 不同时均速度下 Nu 数随相位角的变化

图 6-9　波动幅度在一个周期内对 Nu 数的影响($A_u = 0.9 \sim 1.0$)

H 形翅片管翅式换热器在不同波动幅度时的 Eu 数计算结果如图 6 - 10 所示，不同计算工况的波动幅度参见表 6 - 3(a)。波动幅度对 Eu 数的影响随 Re 数和相位角的变化分别如图 6 - 10(a)和图 6 - 10(b)所示。随着 Re 数的变化，Eu 数增大和减小的曲线围成封闭的环形；在波动幅度较小时，Eu 数的变化曲线呈规则的椭圆形；随着波动幅度的增加，Eu 数的曲线明显发生变化。

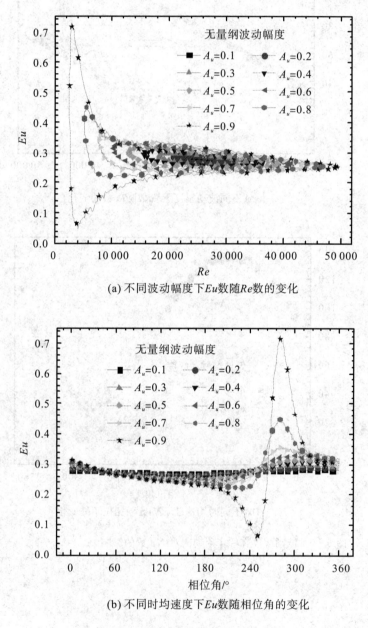

(a) 不同波动幅度下 Eu 数随 Re 数的变化

(b) 不同时均速度下 Eu 数随相位角的变化

图 6 - 10   波动幅度在一个周期内对 Eu 数的影响($A_u = 0.1 \sim 0.9$)

与 Nu 数一样，对 Eu 数在表 6-3(b)和表 6-3(c)所示工况下也进行了详细的数值模拟研究，计算结果分别如图 6-11 和图 6-12 所示，Eu 数随波动幅度的增加连续变化。

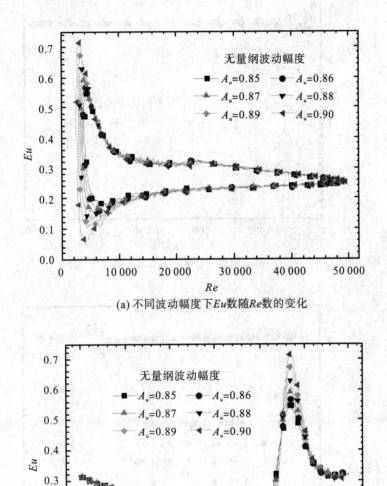

(a) 不同波动幅度下 Eu 数随 Re 数的变化

(b) 不同时均速度下 Eu 数随相位角的变化

图 6-11　波动幅度在一个周期内对 Eu 数的影响($A_u = 0.85 \sim 0.90$)

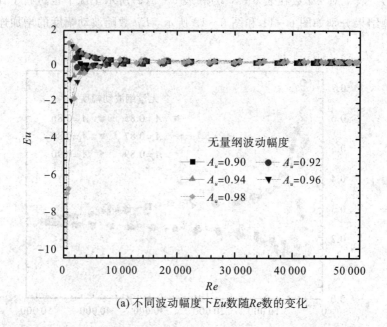

(a) 不同波动幅度下 Eu 数随 Re 数的变化

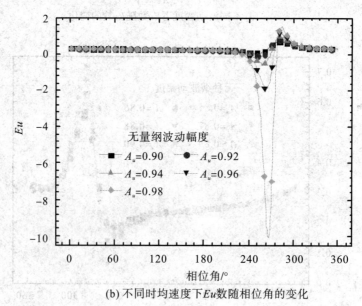

(b) 不同时均速度下 Eu 数随相位角的变化

图 6-12　波动幅度在一个周期内对 Eu 数的影响（$A_u = 0.90 \sim 0.98$）

　　不同波动幅度下，周期平均换热和流动阻力性能如图 6-13 所示。波动幅度对周期平均 Nu 数和 Eu 数的影响分别如图 6-13(a) 和图 6-13(b) 所示。由图 6-13(a) 可见，周期平均 Nu 数随着波动幅度的增大分为 3 部分，第 1 部分和第 3 部分下降的斜率不断增加，第 2 部分下降的斜率不断减小。同样的，由图 6-13(b) 可以看出，Eu 数的变化也可以分为相应的 3 部分，第 1 部分和第 2 部分均呈不同幅度的指数形式增加，第 3 部分呈指数形式减小。

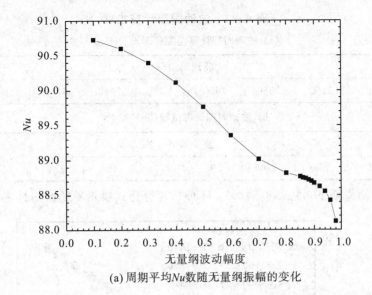

(a) 周期平均Nu数随无量纲振幅的变化

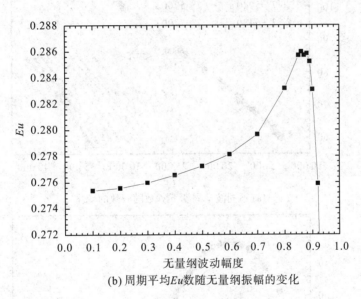

(b) 周期平均Eu数随无量纲振幅的变化

图 6 - 13　无量纲振幅对周期平均 Nu 数和周期平均 Eu 数的影响

6.6.3　波动周期的影响

通过之前的分析看到,波动流动对 H 形翅片管翅式换热器的流动换热性能有很大的影响,本节进一步对不同波动周期对 H 形翅片换热和阻力特性的影响进行分析。时均速度选取为 10 m/s,无量纲波动幅度选取为 0.5,波动周期的变化范围是 720～7200 s 和 36～360 s,具体的计算工况如表 6 - 4 所示。之所以选择这两个周期范围是因为通常工业余热利用中,烟气的波动周期为 720～7200 s。另外选取了较小的周期 36～360 s,是为了进一步研究高频波动对流动换热的影响。

表 6-4　波动周期计算工况

（a）波动周期计算范围（720～7200 s）

波动周期/s									
720	1440	2160	2880	3600	4320	5040	5760	6480	7200

（b）波动周期计算范围（36～360 s）

波动周期/s									
36	72	108	144	180	216	252	288	324	360

在不同波动周期下，见表 6-4（a），H 形翅片管翅式换热器的换热性能如图 6-14 所

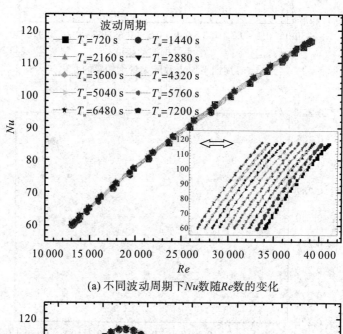

（a）不同波动周期下 Nu 数随 Re 数的变化

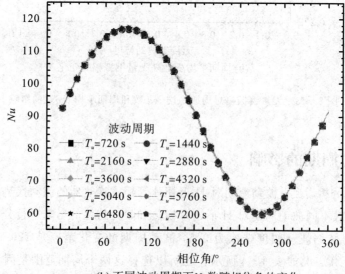

（b）不同波动周期下 Nu 数随相位角的变化

图 6-14　波动周期在一个周期内对 Nu 数的影响（$T_u = 720 \sim 7200$ s）

示。波动周期对 Nu 数的影响随 Re 数和相位角的变化分别如图 6 - 14(a)和图 6 - 14(b)所示。所有的 Nu 数曲线全部重合在一起，图 6 - 14(a)中的右下角小图是将重合在一起的曲线横向分开，从图中可以明显看出在所计算的波动周期范围内 Nu 数计算结果几乎都是相同的。这说明不同的波动周期对 H 形翅片管翅式换热器的换热性能几乎没有影响。

　　不同波动周期下，H 形翅片管翅式换热器的流动阻力特性比较如图 6 - 15 所示。波动周期对 Eu 数的影响随 Re 数和相位角的变化分别如图 6 - 15(a)和 6 - 15(b)所示。在所有波动周期工况下，Eu 数表现出明显的迟滞特性。与 Nu 数相同，Eu 数的结果曲线也全部重合在一起。上述分析说明虽然波动流动对阻力的影响很大，但是波动的周期对流动阻力几乎没有影响。

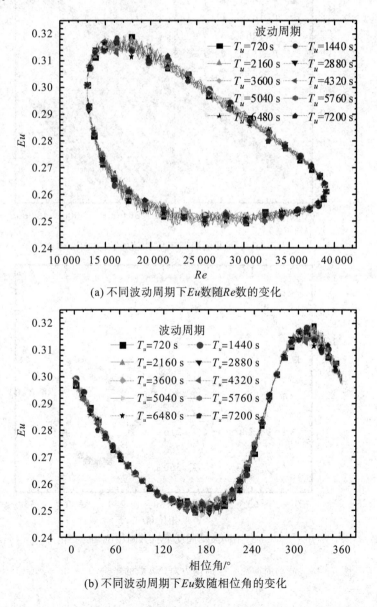

(a) 不同波动周期下 Eu 数随 Re 数的变化

(b) 不同波动周期下 Eu 数随相位角的变化

图 6 - 15　波动周期在一个周期内对 Eu 数的影响(T_u = 720~7200 s)

之前数值计算的波动周期工况是根据工业余热的实际运行参数选择的，即表 6-4(a) 中的工况。从结果看出，对 H 形翅片管翅式换热器来说，波动周期对换热性能和流动阻力特性均没有影响。为了进一步研究波动周期对 H 形翅片流动换热特性的作用，选择了一组波动周期更小的工况进行计算，如表 6-4(b)所示。在较小的波动周期下，Nu 数和 Eu 数的计算结果分别如图 6-16 和图 6-17 所示，从这两个图中可以看出，Nu 数和 Eu 数的结果曲线依然基本重合在一起。综上所述，在波动流动中，波动周期对 H 形翅片管翅式换热器的换热和流动性能影响很小，可以忽略。

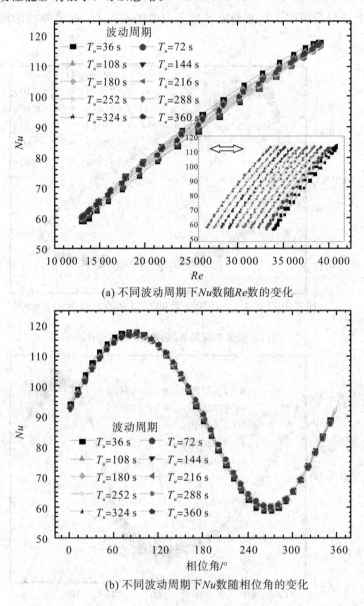

(a) 不同波动周期下 Nu 数随 Re 数的变化

(b) 不同波动周期下 Nu 数随相位角的变化

图 6-16　波动周期在一个周期内对 Nu 数的影响（$T_u = 36 \sim 360$ s）

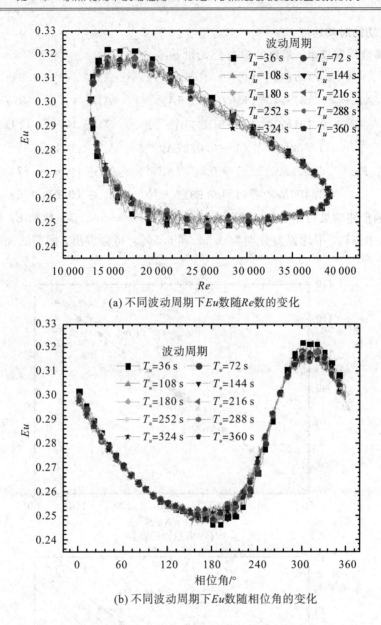

(a) 不同波动周期下Eu数随Re数的变化

(b) 不同波动周期下Eu数随相位角的变化

图 6-17　波动周期在一个周期内对 Eu 数的影响(T_u＝36～360 s)

6.7　多参数回归关联式

　　基于以上一系列参数的计算和分析,将换热性能和阻力特性的数值计算结果表示为数学形式,用回归得到不同参数影响的换热和阻力关联式,以便于工程应用。

　　为了使关联式无量纲化,在回归中使用与时均速度相应的时均 Re 数作为参数,同时使用无量纲的波动幅度,其表达式如下:

$$Re = \frac{\rho v D_h}{\mu} \tag{6-9}$$

式中，v 为波动的时均速度。

通过多参数回归技术，最终的拟合公式如下：

$$Nu = \begin{cases} 0.191Re^{0.606}(1-0.0466A_u^{2.352}) & A_u \in (0.1,\ 0.6) \\ 0.187Re^{0.606}(1+0.00355A_u^{-2.359}) & A_u \in (0.6,\ 0.87) \\ 0.191Re^{0.606}(1-0.0230A_u^{2.801}) & A_u \in (0.87,\ 1.0) \end{cases} \quad (6-10)$$

$$Eu = \begin{cases} 1.502Re^{-0.167}(1+0.0327A_u^{2.396}) & A_u \in (0.1,\ 0.6) \\ 1.507Re^{-0.167}(1+0.0687A_u^{4.601}) & A_u \in (0.6,\ 0.87) \\ 1.496Re^{-0.165}(1-6.681A_u^{71.52}) & A_u \in (0.87,\ 1.0) \end{cases} \quad (6-11)$$

关联式的预测结果与原始的计算数据比较，参见图 6-18。Nu 数和 Eu 数的最大误差分别为 0.7% 和 3%，平均误差分别为 0.2% 和 0.5%。可以看出，回归的关联式具有较高的准确度。

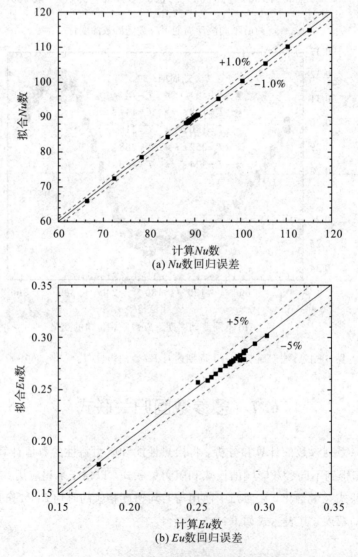

(a) Nu 数回归误差

(b) Eu 数回归误差

图 6-18　数值计算结果回归误差分析

本 章 小 结

本章以工业余热利用中大量使用的 H 形翅片管翅式换热器为对象，考虑到应用过程中的波动性，抽象出周期性波动，建立了三维非稳态数值模型，模拟研究了波动流动中时均速度、波动幅度、波动周期对 H 形翅片管翅式换热器流动和换热特性的影响。比较了不同工况下的局部动态响应和周期平均性能，并总结回归了便于工程应用的换热和阻力关联式，主要结论如下：

（1）波动流动对 H 形翅片管翅式换热器的换热性能影响比较小，表现在相同 Re 数下，波动流动和稳态流动时的 Nu 数计算结果基本相等。但是，波动流动对流动阻力特性的影响非常大，不同波动工况下的 Eu 数计算结果均出现极大的迟滞现象。

（2）在波动流动的不同时均速度下，Nu 数随 Re 数的变化趋势基本一致，在相同 Re 数下的 Nu 数计算结果也基本相同，只有 Nu 数的起始值和变化范围受到不同时均速度的影响。同时，时均速度对 Eu 数的影响很大，在不同工况下的 Eu 数计算结果有很大不同。

（3）在波动流动的不同波动幅度下，Nu 数随 Re 数的变化趋势在 Re 数较大时基本一致，但在 Re 数的极小值附近产生明显扭曲。波动幅度对换热性能影响很大。同时，Eu 数受波动幅度的影响也很大，在 Re 数较小时尤为明显。

（4）在波动流动的不同波动周期下，Nu 数的计算结果在所有 Re 数范围内均基本相同。为了确认这一结果，选取了工业余热利用中的实际波动周期和更小的波动周期计算工况范围进行数值模拟。同时，Eu 数在不同的波动周期下的计算结果也基本相同。经过分析，波动周期对 H 形翅片管翅式换热的流动和换热性能影响很小，可以忽略。

（5）基于数值计算的结果，将波动时均速度和波动周期对 Nu 数和 Eu 数的影响回归为多参数的换热和阻力数学关联式。

第 7 章　丁胞型强化换热管的流动与换热实验研究

7.1　问题的提出

当管外翅片侧的强化换热技术发展到一定程度时，管外侧的换热性能已经与管内侧处于同一量级，要想进一步改善换热设备的整体换热性能，就必须同时对管外侧和管内侧进行强化。对管内侧对流换热的强化，主要是采用异型结构和管内侧加扰流件等措施，其强化效果与具体的结构形式有关。然而，采用这些强化传热措施后，往往会引起阻力损失的迅速增大，使得总的泵功消耗增大。

丁胞结构强化换热技术起源于 20 世纪 80 年代的苏联，作为一项新的强化换热技术受到了人们的重视[229]。这种结构的研究和应用主要集中在平板和翅片的强化换热中，如 1993 年 Afanasyev 等人[230]将球形丁胞应用在平板上，获得了丁胞在平板上的换热和流动阻力性能；Ligrani[231]采用可视化的研究方法，实验研究了在通道内安装丁胞结构的局部换热性能；Burgess 等人[232]通过实验的方法，在平行通道内安装丁胞，研究了丁胞高度对换热性能的影响；Hwang 等人[233]采用实验的方法，在矩形通道的单面和双面安装丁胞结构，研究了通道内的局部换热和阻力特性；Chang 等人[234]通过实验，研究了翅片平行通道内，4 种不同布置形式的丁胞对换热和阻力特性的影响。以上文献的研究结果表明，丁胞结构可以对平板和矩形通道内的换热性能起到强化的作用。

为了进一步强化管内换热性能，同时降低泵功消耗，本章讲述了丁胞型强化换热管，通过不连续的三维粗糙元结构来实现换热强化，开发了能够促使纵向涡的形成的椭球形丁胞管，从而在换热强化的同时，阻力增大较小。为了对不同结构和排列方式的丁胞型强化换热管进行分析，我们对其进行了实验研究，获得了新型丁胞强化换热结构的换热和阻力特性，回归了换热和阻力实验关联式，并将实验结果通过以节能为目标的强化传热综合性能评价图进行分析，进一步证实该结构形式具有高效低阻、强化管内对流换热的优点。

7.2　丁胞换热管实验系统

7.2.1　实验装置介绍

实验系统的结构原理图如图 7-1 所示。该实验系统是由空气回路和水回路组成的。

在空气回路中，空气从双扭线形的吸气口进入风洞中，然后经过整流段、收缩段和稳定段，进入丁胞强化换热管实验段。在实验段中，空气经过丁胞型强化换热管内侧，被管外侧套管中的水循环加热，之后进入稳定段和扩张段，通过转子流量计测量空气流量，最后空气流经调节阀进入风机并排向大气。在水循环系统中，由电加热器产生热水，通过 PID 控制器保持水箱中的热水为设定温度，恒温热水流经丁胞管外侧的逆流套管式换热器加热丁胞管内侧的空气，冷却后经过体积流量计测定水流量，最后返回到水箱重新加热循环利用。实验段外观如图 7-2 所示。

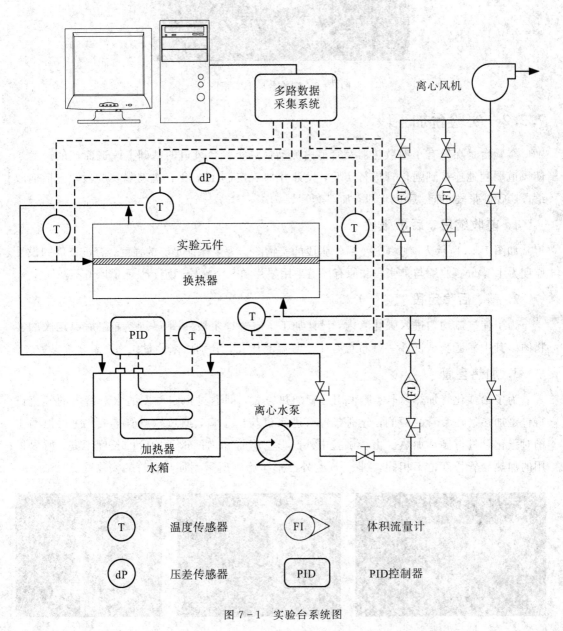

图 7-1　实验台系统图

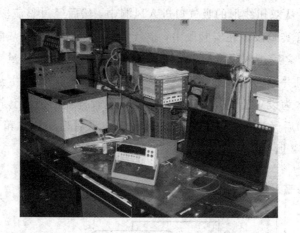

图 7-2　实验台局部实拍图

7.2.2　实验台加工段

实验台是在原有小型散热器及管道内流动换热实验台风道的基础上改造而成的。为了使风道顺利地连接到强化管进行实验，设计并加工定制了一套有机玻璃实验段，包括前收缩段、后扩张段，前、后稳定段，加热套管。

1. 前收缩段、后扩张段

如图 7-3 所示为前收缩段、后扩张段的实物图。为了保证足够的强度，有机玻璃的设计厚度为 1.0 cm。收缩与扩张段和原有风道采用垫片和 8 个螺栓固定，保证了风道不漏气。

2. 前、后稳定段

为了使气流均匀进入强化管内，设计加工了空气稳定段。图 7-4 为前、后稳定段的实物图。其中靠近测试试件一端布置有 4 个测温测压孔，分别用来测量压力、温度等参数。

3. 加热套管

为了给强化管加热，本实验采用套管加热方式，即通过恒定温度的水对管内的气流进行包裹加热。在套管的两侧，分别布置有进水口与出水口，通过橡皮管连接，使得恒温水槽对强化管进行循环加热。由于试验中外凸形丁胞管和内凹形丁胞管的长度不同，所以采用的加热套管长度也不相同，图 7-5 为外凸形丁胞管所采用加热套管的实物图。

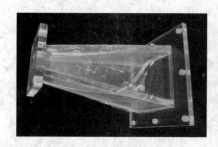

图 7-3　收缩、扩张段图　　　　图 7-4　稳定段图　　　　图 7-5　加热套管

4. 整体设计图

根据本实验的具体情况，设计、加工了所需要的稳流和连接段。详细的空气侧流路几何外形和加工段结构尺寸如图 7-6 和图 7-7 所示。

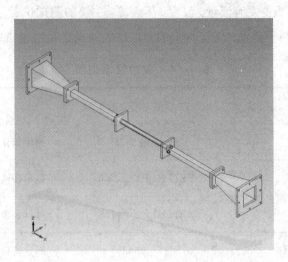

图 7-6　空气流路的设计立体图

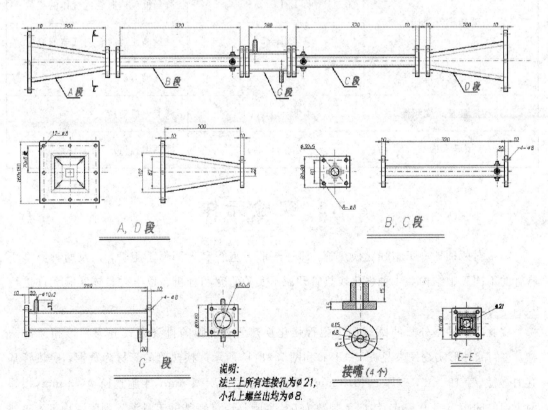

说明：
法兰上所有连接孔为 ∅21，
小孔上螺丝出均为 ∅8。

图 7-7　所有加工段的设计工程图

7.2.3　实验测量系统

实验的主要目的是确定丁胞型强化换热管传热与阻力特性,并与相同尺寸的光管进行对比。实验测量的参数主要有流量、温度、压差等,主要的测试仪表包括热电偶、数据采集系统、数字差压计、转子流量计等。详细的测试仪表的规格和用途如表7-1所示。

表 7-1　实验仪器列表

名　称	型　号	用　途
热电偶	铜-康铜 T 形	测量流体进、出口温度
数据采集系统	KEITHLEY-2700	显示和输出电信号的值
数据采集卡	KEITHLEY-7708	对仪表输出的电信号进行采集
微电脑数字微压计	SVT-2000V	测量管程气体的进出口压差
玻璃转子流量计	LZB-25	测量低流速时管内气体的流量
	LZB-50	测量高流速时管内气体的流量
离心鼓风机	C15-1.16	空气动力源
高功能静音式变频器	IPF-11K(F)	调节电机转速
恒温水槽	汉瞻 HC501	提供恒温热水

7.3　实 验 元 件

本章对两种新型丁胞强化换热管,即外凸形丁胞管和内凹形丁胞管,以及两种类型丁胞管的不同丁胞结构共4种强化换热管开展了实验研究和分析。以下对具体实验元件进行介绍。

实验用一种是外凸的圆球形丁胞管强化换热管,丁胞的排列方式分为顺排和叉排两种,它们的外形实物图参见图7-8(a)和图7-8(b)所示。换热管的管材为黄铜,换热管基管的管径 $d=19$ mm,壁厚 $e=0.5$ mm,丁胞突起高度 $h=1$ mm,丁胞直径 $\Phi=3$ mm,相邻两丁胞的间距 $p=10$ mm,周向丁胞数为6。丁胞是通过特殊的工具深入到管子内部,向外挤压变形制作出来的。其参数参见图7-9。

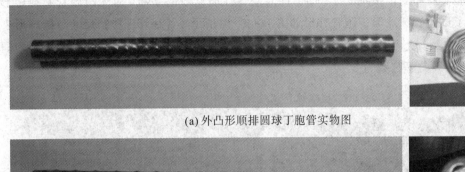

(a) 外凸形顺排圆球丁胞管实物图

(b) 外凸形叉排圆球丁胞管实物图

图 7 - 8　外凸形丁胞强化换热管实验元件实物图

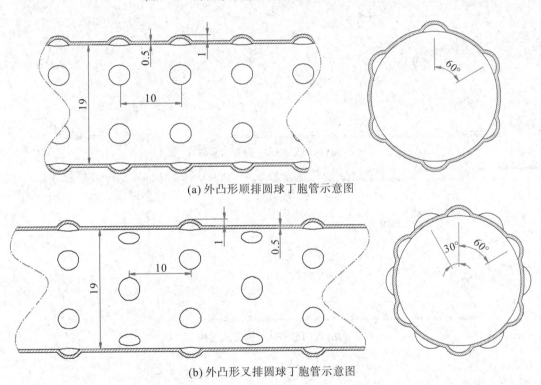

(a) 外凸形顺排圆球丁胞管示意图

(b) 外凸形叉排圆球丁胞管示意图

图 7 - 9　外凸形丁胞强化换热管实验元件示意图

实验用另外一种是内凹的椭球形丁胞强化换热管，其实物图参见图 7 - 10，换热管的管材为黄铜，换热管基管径 $d = 19$ mm，壁厚 $e = 0.5$ mm，丁胞突起高度 $h = 2$ mm，丁胞的长轴长度 $\Phi_1 = 4$ mm，短轴长度 $\Phi_2 = 2$ mm，丁胞长轴与换热管轴向夹角为 $45°$，相邻两丁胞的间距 $p = 12$ mm，周向丁胞数为 6。其外形尺寸示意图参见图 7 - 11(a)。

为了检验实验和测试系统的准确性，同时获得性能比较的基准，对光滑圆管和圆球形丁胞管也做了试验。圆球形丁胞管外形如图 7-11(b)所示，其基管管材和尺寸与椭球形丁胞管相同，其中圆球形丁胞的突起高度 $h=2$ mm，丁胞的直径 $\phi=3$ mm，相邻两丁胞的间距 $p=12$ mm，周向丁胞数为 6。

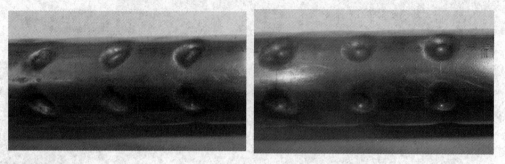

图 7-10　内凹形丁胞强化换热管实验元件实物图

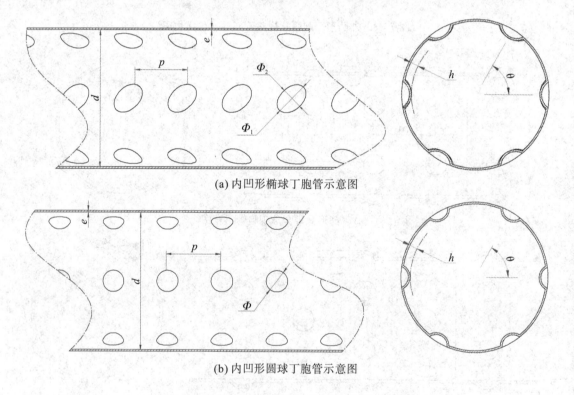

(a) 内凹形椭球丁胞管示意图

(b) 内凹形圆球丁胞管示意图

图 7-11　内凹形丁胞强化换热管实验元件示意图

7.4　实　验　步　骤

强化管试件安装调试完后就可以开始强化管的测试实验了，具体实验步骤如下：

（1）空气管路测试。运行风洞，选取不同的转速，观察在不同工况下玻璃转子流量计是否会显示不同读数，以及压差计读数是否也伴随发生变化等。其主要目的是测试各个仪器是否连接正确，若观察到某个测量仪器明显有偏差，则需要重新调定。

（2）加热及恒温测试。打开电加热器，设定加热温度，开始对恒温水槽内的水加热，用热电偶不断监视恒温水槽内水的温度，当水温升高至一定温度时，恒温水槽保持恒定水温。若水温无法达到或稳定在设定的温度，则需要对加热器和恒温控制器进行检查。

（3）水路循环测试。待恒温水槽水温稳定后，把水槽进出口分别连接到套管换热器的相应进出口上，运行循环水泵，待流速稳定后，观察在正常工作条件下管道有无渗漏或者管道内是否有气体残留。若结果不佳，则需要对壳程的连接处进行重新检查。

（4）实验数据的记录。调节风动转速，使玻璃转子流量计达到预定的读数，待系统稳定后，即热电偶所监测的温度在 0.1℃ 以内波动，对测试数据进行记录。其中温度每 5 秒扫描一次，每组工况至少扫描 100 次以求平均值。

（5）热平衡计算。对记录下的原始实验数据分析，若空气侧与水侧的换热量相差在 5% 以内，则认为满足热平衡，实验数据有效。调节风机阀门和转速，待空气流速稳定后，再进行下一组工况的实验。所有工况实验完成后，更换实验件。

（6）重复步骤（1）～（5），直至测试完每根管子的所有工况。

7.5　数据处理

7.5.1　物性参数

本实验是通过管外的热水加热管内的空气来研究实验换热管的换热和阻力特性的，所以需要空气在各个实验工况下的物性参数，由于实验中进出口空气的温差不大于 50℃，空气的定性温度取进出口温度的平均值。主要的物性参数包括密度、比热容和运动黏度，参见表 7‑2，其它的物性参数都可以通过这些物性参数推导出来。

表 7‑2　空气主要物性参数表

$t/℃$	$\rho/kg \cdot m^{-3}$	$c_p/kJ \cdot kg^{-1} \cdot K^{-1}$	$\nu \times 10^6/m^2 \cdot s^{-1}$
10	1.247	1.005	14.16
20	1.205	1.005	15.06
30	1.165	1.005	16.00
40	1.128	1.005	16.96

由于空气的温度在不断变化，其物性参数也跟随着不断变化。为了真实地反映温度变化对计算结果的影响，将每扫描一次的温度变化都带入公式计算，通过使用编程实现不同温度工况下的物性参数计算。

7.5.2　实验热平衡校核的数据处理

首先采用光滑圆管对实验系统的热平衡进行校核，检验实验台的运行可靠性。

壳侧水换热量为

$$Q_s = q_{m,s} c_{p,s} (T_{s,in} - T_{s,out}) \qquad (7-1)$$

管侧空气换热量为

$$Q_t = q_{m,t} c_{p,t} (T_{t,out} - T_{t,in}) \qquad (7-2)$$

换热量取为

$$Q = \frac{Q_s + Q_t}{2} \qquad (7-3)$$

热平衡偏差为

$$\eta = \frac{|Q_s - Q_t|}{Q} \times 100\% \qquad (7-4)$$

如果壳侧和管侧的热平衡偏差满足在 5% 以内，则认为实验结果可靠。

7.5.3　无量纲参数确定

采用努塞尔数 Nu 反映对流换热的强弱，定义为

$$Nu = \frac{hd}{\lambda} \qquad (7-5)$$

式中，换热系数 $h = \dfrac{Q}{A \Delta T_m}$，由换热量 Q 和平均对数温差 ΔT_m 计算获得。空气侧的对流换热量为 $Q = q_m c_p (T_{out} - T_{in})$，平均对数温差为

$$\Delta T_m = \frac{(T_w - T_{in}) - (T_w - T_{out})}{\ln[(T_w - T_{in})/(T_w - T_{out})]}$$

采用阻力系数 f 反映流动阻力的大小，定义为

$$f = \frac{p_{in} - p_{out}}{\frac{1}{2}\rho u^2} \frac{d}{L} \qquad (7-6)$$

7.6　实验不确定性分析

7.6.1　不确定度分析方法

传热系数和阻力系数的不确定度需要通过分析各个直接测量的物理量的不确定度以及相应的误差传递函数来确定。

如果一个变量 y 是由 n 个互相独立的变量 x_1，x_2，…，x_n 通过一定的运算而得出的，即

$$y = f(x_1, x_2, \cdots, x_n) \qquad (7-7)$$

那么，y 的不确定度由下式计算：

$$W_y = \sqrt{\left(\frac{\partial f}{\partial x_1} W_{x_1}\right)^2 + \left(\frac{\partial f}{\partial x_2} W_{x_2}\right)^2 + \cdots + \left(\frac{\partial f}{\partial x_n} W_{x_n}\right)^2} \qquad (7-8)$$

式中，W_y，W_{x1}，W_{x2}，$\cdots$，W_{xn} 分别是 y，x_1，x_2，$\cdots$，x_n 的不确定度。

7.6.2　传热系数的不确定度分析

在本实验中，丁胞型强化换热管的传热系数 h 定义为

$$h = \frac{Q}{A \Delta T_{\mathrm{m}}} \tag{7-9}$$

求偏微分得

$$\begin{cases} \dfrac{\partial h}{\partial Q} = \dfrac{1}{A \Delta T_{\mathrm{m}}} \\[3mm] \dfrac{\partial h}{\partial A} = -\dfrac{Q}{A^2 \Delta T_{\mathrm{m}}} \\[3mm] \dfrac{\partial h}{\partial \Delta T_{\mathrm{m}}} = -\dfrac{Q}{A \Delta T_{\mathrm{m}}^2} \end{cases} \tag{7-10}$$

要确定换热系数 h 的不确定度，首先要确定式(7-10)中各个物理量的不确定度。

1. 传热量 Q 的不确定度计算

传热量 Q 由空气吸收的热量计算，定义为

$$Q = \rho q_m c_p (T_{\mathrm{out}} - T_{\mathrm{in}}) = \rho q_V c_p (T_{\mathrm{out}} - T_{\mathrm{in}}) \tag{7-11}$$

求偏微分得

$$\begin{cases} \dfrac{\partial Q}{\partial \rho} = q_V c_p (T_{\mathrm{out}} - T_{\mathrm{in}}) \\[3mm] \dfrac{\partial Q}{\partial q_V} = \rho c_p (T_{\mathrm{out}} - T_{\mathrm{in}}) \\[3mm] \dfrac{\partial Q}{\partial c_p} = \rho q_V (T_{\mathrm{out}} - T_{\mathrm{in}}) \\[3mm] \dfrac{\partial Q}{\partial T_{\mathrm{out}}} = \rho q_V c_p \\[3mm] \dfrac{\partial Q}{\partial T_{\mathrm{in}}} = -\rho q_V c_p \end{cases} \tag{7-12}$$

那么，传热量 Q 的不确定度为

$$W_Q = \sqrt{\left(\frac{\partial Q}{\partial \rho} W_\rho\right)^2 + \left(\frac{\partial Q}{\partial q_V} W_{q_V}\right)^2 + \left(\frac{\partial Q}{\partial c_p} W_{c_p}\right)^2 + \left(\frac{\partial Q}{\partial T_{\mathrm{out}}} W_{T_{\mathrm{out}}}\right)^2 + \left(\frac{\partial Q}{\partial T_{\mathrm{in}}} W_{T_{\mathrm{in}}}\right)^2}$$

$$\tag{7-13}$$

2. 传热面积 A 的不确定度计算

传热面积 A 定义为

$$A = \pi d L \tag{7-14}$$

那么，传热面积 A 的不确定度为

$$W_A = \pi \sqrt{L^2 W_d^2 + d^2 W_L^2} \tag{7-15}$$

3. 对数平均温差 ΔT_m 的不确定度计算

对数平均温差 ΔT_m 的定义为

$$\Delta T_\mathrm{m} = \frac{(T_\mathrm{w} - T_\mathrm{in}) - (T_\mathrm{w} - T_\mathrm{out})}{\ln\left[(T_\mathrm{w} - T_\mathrm{in})/(T_\mathrm{w} - T_\mathrm{out})\right]} \tag{7-16}$$

求偏微分得

$$\left\{\begin{aligned}
\frac{\partial \Delta T_\mathrm{m}}{\partial T_\mathrm{in}} &= -\frac{1}{\ln\dfrac{T_\mathrm{w} - T_\mathrm{in}}{T_\mathrm{w} - T_\mathrm{out}}} + \frac{1}{\ln^2\dfrac{T_\mathrm{w} - T_\mathrm{in}}{T_\mathrm{w} - T_\mathrm{out}}}\frac{T_\mathrm{out} - T_\mathrm{in}}{T_\mathrm{w} - T_\mathrm{out}} \\
\frac{\partial \Delta T_\mathrm{m}}{\partial T_\mathrm{out}} &= \frac{1}{\ln\dfrac{T_\mathrm{w} - T_\mathrm{in}}{T_\mathrm{w} - T_\mathrm{out}}} - \frac{1}{\ln^2\dfrac{T_\mathrm{w} - T_\mathrm{in}}{T_\mathrm{w} - T_\mathrm{out}}}\frac{T_\mathrm{out} - T_\mathrm{in}}{T_\mathrm{w} - T_\mathrm{out}} \\
\frac{\partial \Delta T_\mathrm{m}}{\partial T_\mathrm{w}} &= -\frac{T_\mathrm{out} - T_\mathrm{in}}{\ln^2\dfrac{T_\mathrm{w} - T_\mathrm{in}}{T_\mathrm{w} - T_\mathrm{out}}}\left(\frac{1}{T_\mathrm{w} - T_\mathrm{out}} - \frac{T_\mathrm{w} - T_\mathrm{in}}{(T_\mathrm{w} - T_\mathrm{out})^2}\right)\frac{T_\mathrm{w} - T_\mathrm{out}}{T_\mathrm{w} - T_\mathrm{in}}
\end{aligned}\right. \tag{7-17}$$

由以上公式可求得，对数平均温差 ΔT_m 的不确定度为

$$W_{\Delta T_\mathrm{m}} = \sqrt{\left(\frac{\partial \Delta T_\mathrm{m}}{\partial T_\mathrm{in}}W_{T_\mathrm{in}}\right)^2 + \left(\frac{\partial \Delta T_\mathrm{m}}{\partial T_\mathrm{out}}W_{T_\mathrm{out}}\right)^2 + \left(\frac{\partial \Delta T_\mathrm{m}}{\partial T_\mathrm{w}}W_{T_\mathrm{w}}\right)^2} \tag{7-18}$$

最终可求得，传热系数 h_i 的不确定度为

$$W_{h_i} = \sqrt{\left(\frac{\partial h_i}{\partial Q}W_Q\right)^2 + \left(\frac{\partial h_i}{\partial A}W_A\right)^2 + \left(\frac{\partial h_i}{\partial \Delta T_\mathrm{m}}W_{\Delta T_\mathrm{m}}\right)^2} \tag{7-19}$$

7.6.3 阻力系数的不确定度分析

在本实验中，丁胞型强化换热管的阻力系数 f 的定义为

$$f = \frac{2\Delta p}{\rho u^2}\frac{d}{L} = \frac{\pi^2 d^5 \Delta p}{8\rho q_V^2 L} \tag{7-20}$$

求偏微分得

$$\left\{\begin{aligned}
\frac{\partial f}{\partial d} &= \frac{5\pi^2 d^4 \Delta p}{8\rho q_V^2 L} \\
\frac{\partial f}{\partial \Delta p} &= \frac{\pi^2 d^5}{8\rho q_V^2 L} \\
\frac{\partial f}{\partial \rho} &= -\frac{\pi^2 d^5 \Delta p}{8\rho^2 q_V^2 L} \\
\frac{\partial f}{\partial u} &= -\frac{\pi^2 d^5 \Delta p}{4\rho q_V^3 L} \\
\frac{\partial f}{\partial L} &= -\frac{\pi^2 d^5 \Delta p}{8\rho q_V^2 L^2}
\end{aligned}\right. \tag{7-21}$$

最终可求得，阻力系数 f 的不确定度为

$$W_f = \sqrt{\left(\frac{\partial f}{\partial d}W_d\right)^2 + \left(\frac{\partial f}{\partial \Delta p}W_{\Delta p}\right)^2 + \left(\frac{\partial f}{\partial \rho}W_\rho\right)^2 + \left(\frac{\partial f}{\partial q_V}W_{q_V}\right)^2 + \left(\frac{\partial f}{\partial L}W_L\right)^2} \tag{7-22}$$

7.7　外凸形丁胞强化换热管实验结果及分析

7.7.1　实验结果校核和基准拟合

在进行实验研究时，为了检验实验装置和测量方法的可靠性，首先进行了光滑圆管的换热性能和阻力性能的实验验证，实验数据与经典公式相比较，以校核实验系统。换热管在两种不同的壁面温度下进行实验，恒温热水的设定温度分别为 35℃ 和 67℃；实验的 Re 数范围是 $1.6 \times 10^4 < Re < 5.4 \times 10^4$；定性温度为流体平均温度，特征直径为强化管试件内径，特征长度为强化管试件的长度。光滑圆管换热和阻力性能实验数据与 Gnielinsiki 公式和 Filonenko 公式的比较分别如图 7 - 12 和图 7 - 13 所示。

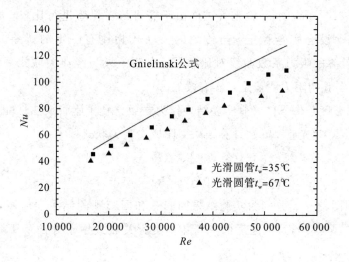

图 7 - 12　实验结果与 Gnielinsiki 公式比较

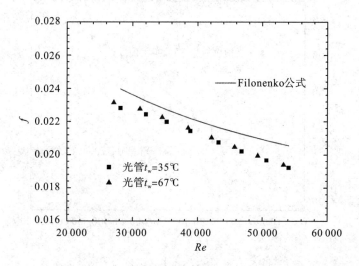

图 7 - 13　实验结果与 Filonenko 公式比较

Gnielinsiki 公式表达式如下：

$$Nu_f = \frac{(f/8)(Re - 1000)\,Pr_f}{1 + 12.7\,\sqrt{f/8}\,(Pr_f^{2/3} - 1)}\left[1 + \left(\frac{d}{l}\right)^{2/3}\right]c_t \qquad (7-23)$$

式中，d 为丁胞管的内径；l 为丁胞管的管长；c_t 为温度修正因子，$c_t = \left(\dfrac{T_f}{T_w}\right)^{0.45}$。

Filonenko 公式表达式如下：

$$f = (1.82\lg Re - 1.64)^{-2} \qquad (7-24)$$

由图 7-12 可知，本实验结果小于经典的 Gnielinsiki 公式，最大误差分别为 14% 和 26%，变化趋势基本一致，由此可知，温度测量的实验数据也是可信的。对于实验结果低于经典的关联式，有如下原因：① Gnielinsiki 公式是由实验点拟合成的关联式，其 90% 与关联式的误差在 20% 以内；② 由于加工工艺的原因，外凸形丁胞强化管系纯手工加工而成，其长度只有 320 mm，本实验光管试件由于需要与强化管进行比较，所以光管也只有 320 mm，因此流动没有完全稳定，与传统的关联式相比有一定的误差。图 7-13 为按 Filonenko 公式计算的阻力系数曲线对比结果，实验结果与经典关联式平均相差在 6% 之内，因而认为本实验的阻力测量是真实有效的。

为了将不同温度条件下的光管实验结果作为之后比较丁胞管换热性能的基准，将壁面温度为 35℃ 和 67℃ 时光管 Nu 数计算结果回归成实验关联式：

$$Nu_{s,\,t_w=35℃} = 0.0369\,(Re - 1077.48)^{0.736} \qquad (7-25)$$

$$Nu_{s,\,t_w=67℃} = 0.129\,(Re - 4705.84)^{0.612} \qquad (7-26)$$

图 7-14 和图 7-15 分别为实验结果回归图和回归预测结果误差图，实验关联式与实验结果的误差小于 3%。在之后的分析中，实验关联式用于外凸形丁胞强化换热管的比较基准。

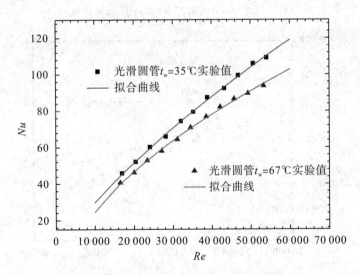

图 7-14　光滑圆管的 Nu 数实验结果与拟合曲线

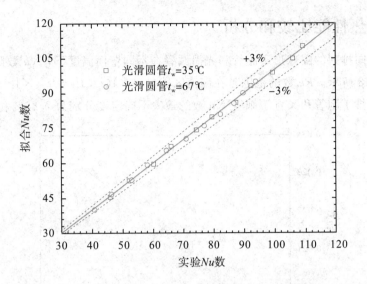

图 7 - 15　光滑圆管 Nu 数关联式与实验结果的比较

同样，将壁面温度为 35℃ 和 67℃ 时光管阻力系数 f 计算结果回归成实验关联式，作为之后比较丁胞管流动阻力特性的基准。如图 7 - 14 所示，不同壁面温度下圆管的阻力系数 f 差别非常小，因此可以看作阻力系数与壁面温度无关。回归关联式如下：

$$f_s = 0.36Re^{-0.267} \tag{7-27}$$

图 7 - 16 和图 7 - 17 分别为阻力系数 f 的实验结果回归图和回归预测结果误差图，实验关联式与实验结果的误差小于 5%。在之后的分析中，实验关联式作为外凸形丁胞强化换热管的比较基准。

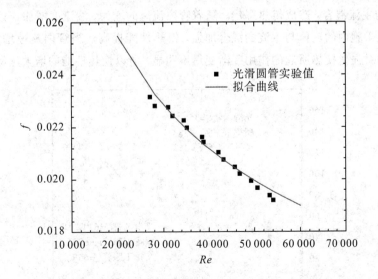

图 7 - 16　光滑圆管的阻力 f 系数实验结果与拟合曲线

7.7.2 换热性能比较和分析

实验中不同排列的圆球形丁胞管和光滑圆管在不同壁面温度下，Nu 数随 Re 数的变化关系如图 7-18 所示。Re 数的范围是在湍流区域（$1.6 \times 10^4 < Re < 5.4 \times 10^4$），管内实验工质为空气。顺排丁胞管和叉排丁胞管 Nu 数的最大不确定度分别为 7.85％和 7.91％。

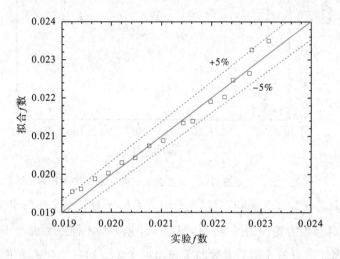

图 7-17　光滑圆管阻力 f 系数关联式与实验结果的比较

实验结果表明，两种不同排列的圆球形丁胞管换热性能得到显著强化。相同的 Re 数下，顺排丁胞管和叉排丁胞管的换热性能基本相同，丁胞结构的排列形式对 Nu 数的影响很小。与光滑圆管相比，随着 Re 数的增加，外凸形丁胞管的换热性能相比光管增加的比例是先增大、后减小。这一结果的原因是在管内流速较低时，在外凸的丁胞内容易形成漩涡死区，丁胞内的流体不与主流混合，造成传热恶化。随着管内流速的增大，湍流度增加，丁胞区域内的流动不稳定，使丁胞内的流体与主流的混合加强，换热性能提高。当管内流速增大到一定程度后，丁胞结构对强化换热所起的作用逐渐变得不明显，所以换热性能的增大比例下降。

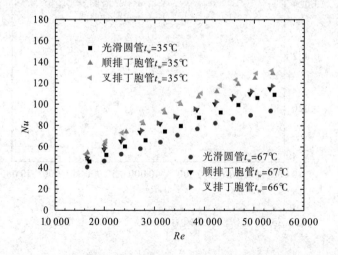

图 7-18　三种换热管的努塞尔数比较

　　在实验范围内，对顺排和叉排圆球形丁胞强化换热管的 Nu 数进行了回归分析，不同排列形式的丁胞管换热性能可以用统一的关联式来表示，不同壁面温度下所获得的 Nu 数的关联式分别为式(7-28)和式(7-29)，实验结果的拟合曲线如图 7-19 所示，壁面温度为 35℃和 67℃的拟合误差分别如图 7-20(a)和图 7-20(b)所示。由图可见，实验关联式的计算值和实验值之间的误差均在±1%之内：

$$Nu_{a,\,t_w=35℃} = 0.432\,(Re - 8344.31)^{0.534} \qquad (7-28)$$

$$Nu_{a,\,t_w=67℃} = 0.482\,(Re - 8333.28)^{0.512} \qquad (7-29)$$

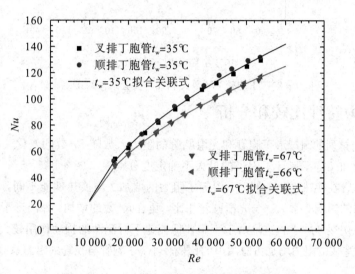

图 7-19　丁胞管 Nu 数实验结果与拟合曲线

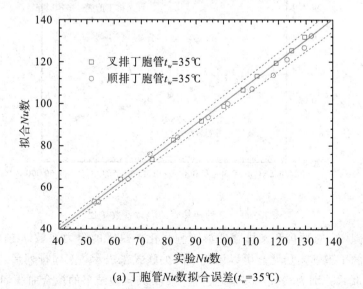

(a) 丁胞管 Nu 数拟合误差(t_w=35℃)

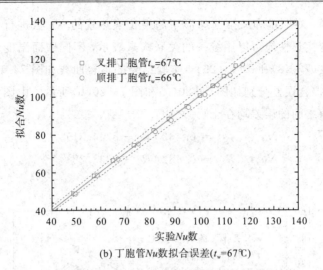

(b) 丁胞管Nu数拟合误差(t_w=67℃)

图 7 - 20　丁胞管 Nu 数关联式与实验结果的误差比较

7.7.3　阻力特性比较和分析

实验中不同排列的圆球形丁胞管和光滑圆管的阻力系数随 Re 数的变化关系如图 7 - 21 所示。顺排丁胞管和叉排丁胞管 f 因子的最大不确定度分别为 5.98% 和 6.05%。实验结果表明，两种圆球形丁胞管在换热强化的同时，引起了阻力的增加。与换热性能不同，丁胞结构的排列形式对流动阻力的影响非常大。与光滑圆管相比，随着 Re 数的增加，外凸形丁胞管的流动阻力比光管增加的比例逐渐减小。这是由于丁胞在低流速下对流动的扰动作用较大，而在较大流速时，丁胞结构所造成的阻力增加占总阻力的比例较小，丁胞管与光管的阻力系数趋于相同。

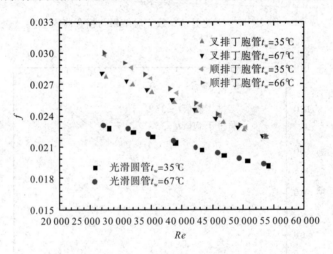

图 7 - 21　三种换热管的阻力系数 f 比较

在实验范围内，对顺排和叉排圆球形丁胞强化换热管的阻力系数 f 进行了回归分析，不同壁面温度的丁胞管换热性能可以用统一的关联式来表示，不同排列形式下所获得的阻力系数 f 的关联式分别为式(7 - 30)和式(7 - 31)，其实验结果的拟合曲线如图 7 - 22 所示，顺排和叉排圆球形丁胞排列的阻力系数拟合误差分别如图 7 - 23(a)和图 7 - 23(b)所示。

$$f_{\text{a, tube-1}} = 1.099 Re^{-0.358} \tag{7-30}$$

$$f_{a,\,tube\text{-}2} = 3.031 Re^{-0.451} \qquad\qquad (7-31)$$

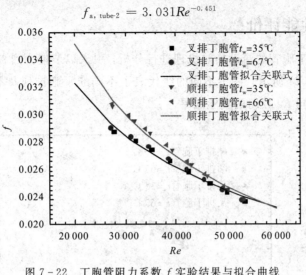

图 7 - 22　丁胞管阻力系数 f 实验结果与拟合曲线

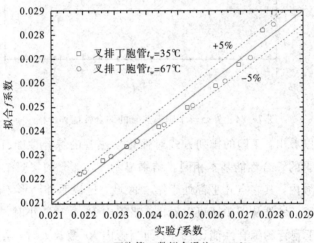

(a) 丁胞管 Nu 数拟合误差(t_w=35℃)

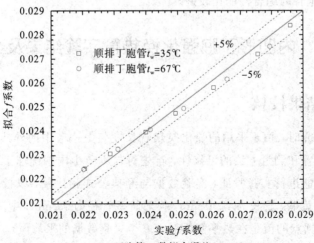

(b) 丁胞管 Nu 数拟合误差(t_w=67℃)

图 7 - 23　丁胞管 Nu 数关联式与实验结果的误差比较

7.7.4　综合性能评价

为了对外凸形丁胞管的流动换热机理进行分析，引入以节能为目标的强化传热综合性能评价图，如图 7-24 所示。图中不同的线代表了不同的丁胞排列及不同的实验工况，每一条线上的点是不同 Re 数时的实验结果。

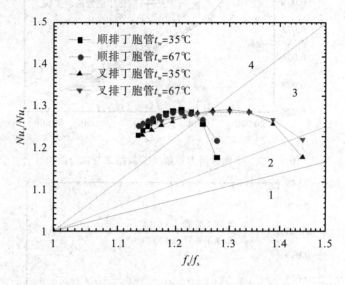

图 7-24　外凸形丁胞换热管的综合性能评价图

由图 7-24 可以看出，丁胞的排列方式对强化换热管的综合性能有一定的影响，而不同壁面温度计算结果的综合性能基本相同。结果显示，大部分的实验结果数据点均位于性能评价图的第 4 区域内，其它点几乎都处于第 3 区域，这说明外凸形丁胞管是一种高效而低阻的强化传热技术；另外从图中还可以看出，当管内 Re 数比较小时，实验结果大都位于第 3 区，其中顺排丁胞管的综合性能比较好；而当管内 Re 数较大时，实验结果大都位于第 4 区，其中叉排丁胞管的综合性能比较好。

7.8　内凹形丁胞强化换热管实验结果及分析

7.8.1　实验结果校核

在进行实验研究时，由于采用的强化换热管长度与上一节中的外凸丁胞管不同，为了再一次检验实验装置和测量方法的可靠性，首先对与本节中内凹椭球丁胞管等长的光滑圆管的换热和阻力性能进行实验验证，实验数据与经典公式相比较，以校核实验系统。实验的光滑圆管管材为黄铜，管长为 1200 mm，换热管基管径为 19 mm，壁厚为 1 mm。实验中重复多次，每个数据点的值是在热平衡后对 100 个采集数据的平均值。

光滑圆管换热和阻力性能实验数据与 Gnielinsiki 公式、Blasius 公式和 Filonenko 公式的比较分别参见图 7-25 和图 7-26。实验结果表明，实验的换热结果略低于 Gnielinsiki

公式的计算值，其偏差在 10%之内；阻力性能与 Blasius 公式和 Filonenko 公式进行了比较，本实验的测试结果与经验关联式吻合，其偏差在 5%之内，实验结果可以满足工程应用，证实了实验装置和测量方法的可靠性。光滑圆管换热与阻力特性公认的经典公式分别为 Gnielinsiki 公式、Filonenko 公式和 Blasius 公式。其中 Blasius 公式如下：

$$f = 0.3164/Re^{-0.25} \tag{7-32}$$

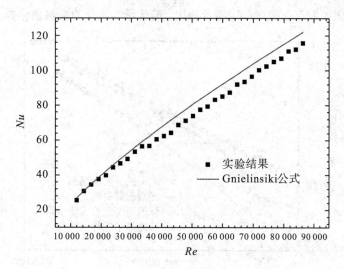

图 7-25　光滑圆管换热性能实验数据与经典公式的比较

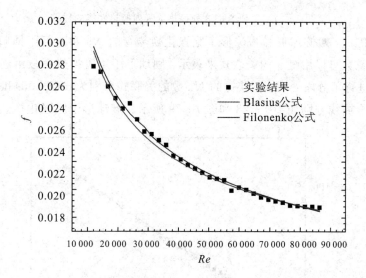

图 7-26　光滑圆管阻力性能实验数据与经典公式的比较

7.8.2　换热性能的比较和分析

对于椭球形丁胞管、圆球形丁胞管、光滑圆管，其 Nu 数随 Re 数的变化关系如图7-27所示。实验中，Re 数范围为 $1.5 \times 10^3 \sim 6 \times 10^4$，管内实验工质为空气。椭球形和圆球形丁胞管 Nu 数的最大不确定度分别为 6.61%和 6.60%。实验结果表明，圆球形丁胞管和椭球形丁胞管的换热性能得到显著强化，与光滑圆管相比，在 Re 数较低情况下（ $1.5 \times 10^3 < Re < 2.0 \times 10^3$ ），椭球形丁胞管换热性能增强 $88\% \sim 175\%$ ；圆球形丁胞管换热性能增强 $55\% \sim 158\%$ ；在 Re 数较高情况下（ $2.0 \times 10^3 < Re < 6.0 \times 10^4$ ），椭球形丁胞管换热性能增强 $38\% \sim 100\%$ ；圆球形丁胞管换热性能增强 $34\% \sim 82\%$ ；相同的 Re 数下，椭球形丁胞管的换热性能高于圆球形丁胞管。计算结果表明，所设计的丁胞管的换热性能在 Re 数较低的情况下增强的比例更大。与圆球形丁胞管相比，椭球形丁胞管的换热强化能力更为显著。

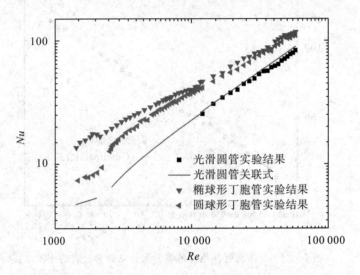

图 7-27　所研究的 3 种换热管管内换热性能的比较

在实验范围内，对椭球形和圆球形丁胞强化换热管的 Nu 数进行了回归分析，椭球形丁胞管的换热系数可以用统一的关联式来表示，圆球形丁胞管换热系数由于涵盖了层流到湍流，拟合时进行了分段处理，所获得的 Nu 数的关联式分别为式（7-33）和式（7-34），其实验结果和拟合曲线分别如图 7-28 和图 7-29 所示。椭球形丁胞强化换热管和圆球形丁

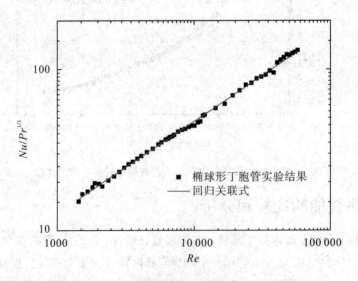

图 7-28　椭球形丁胞管换热实验结果及拟合曲线

胞强化换热管的实验关联式的预测值和实验值之间的比较分别如图 7-30 和图 7-31 所示，由图可见，实验关联式的计算值和实验值之间的误差均在 ±15% 之内。

椭球形丁胞强化换热管的 Nu 数关联式：

$$Nu = 0.245Re^{0.571}Pr^{1/3} \qquad (1.5 \times 10^3 < Re < 6.0 \times 10^4) \qquad (7-33)$$

圆球形丁胞强化换热管的 Nu 数关联式：

$$\begin{cases} Nu = 0.671Re^{0.348}Pr^{1/3} & (1.5 \times 10^3 < Re < 2.0 \times 10^3) \\ Nu = 0.098Re^{0.655}Pr^{1/3} & (2.0 \times 10^3 < Re < 6.0 \times 10^4) \end{cases} \qquad (7-34)$$

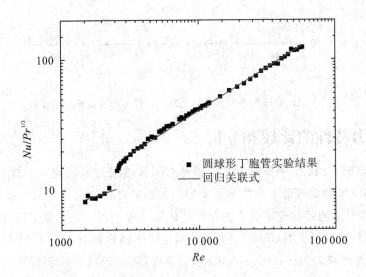

图 7-29 圆球形丁胞管换热实验结果及拟合曲线

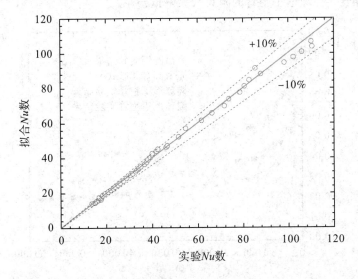

图 7-30 椭球形丁胞管换热关联式计算值与实验结果的比较

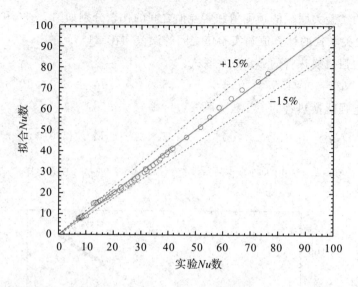

图 7－31　圆球形丁胞管换热关联式计算值与实验结果的比较

7.8.3　阻力特性的比较和分析

实验的椭球形丁胞管、圆球形丁胞管和光滑圆管的阻力系数随 Re 数的变化关系如图 7-32 所示。椭球形和圆球形丁胞管 f 因子的最大不确定度分别为 5.85% 和 5.40%。实验结果表明，圆球形丁胞管和椭球形丁胞管在换热强化的同时，也引起了阻力的增加。与光滑圆管相比，在 Re 数较低时（$Re<1\times10^4$），圆球形丁胞管阻力增大了 $65\%\sim146\%$；椭球形丁胞管阻力增大了 $30\%\sim120\%$；在 Re 数较高时（$Re>1\times10^4$），圆球形丁胞管阻力增大了 $73\%\sim92\%$；椭球形丁胞管阻力增大了 $25\%\sim75\%$。圆球形丁胞强化换热管和椭球形丁胞强化换热管相比，椭球形丁胞管的阻力大大降低。

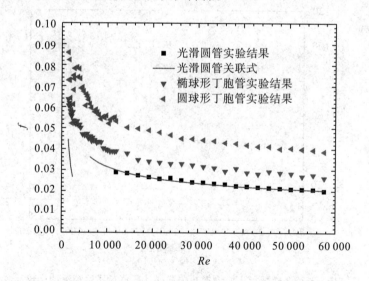

图 7－32　所研究 3 种换热管阻力特性的比较

在实验范围内，对椭球形和圆球形丁胞强化换热管的阻力系数进行了回归分析，椭球形丁胞管的阻力系数可以用统一的关联式来表示，对圆球形丁胞管进行了分段处理，所获得的阻力系数的关联式分别为式(7-35)和式(7-36)，实验结果和拟合曲线分别如图7-33和图7-34所示。椭球形丁胞强化换热管和圆球形丁胞强化换热管的阻力系数的实验关联式计算值和实验值之间的比较分别如图7-35和图7-36所示，可以看出，实验关联式计算值和实验值之间的误差均在±10%范围之内。

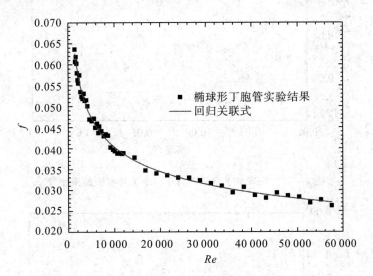

图 7-33　椭球形丁胞管阻力实验结果及拟合曲线

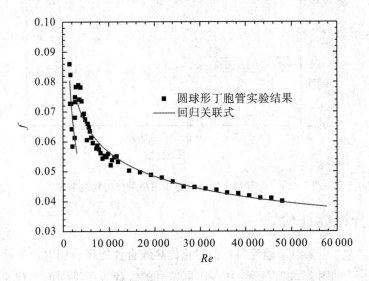

图 7-34　圆球形丁胞管阻力实验结果及拟合曲线

椭球形丁胞强化换热管的阻力系数关联式：

$$f = 0.326Re^{-0.227} \quad (1.5 \times 10^3 < Re < 6.0 \times 10^4) \tag{7-35}$$

圆球形丁胞强化换热管的阻力系数关联式：

$$\begin{cases} f = 1/(2.772Re^{0.293} - 11.127) & (1.5 \times 10^3 < Re < 2.0 \times 10^3) \\ f = 0.432Re^{-0.221} & (2.0 \times 10^3 < Re < 6.0 \times 10^4) \end{cases} \tag{7-36}$$

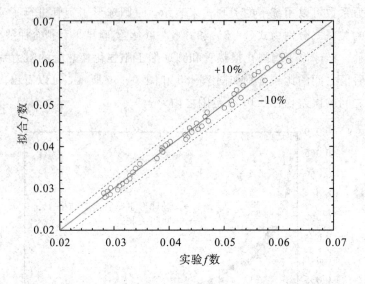

图 7 - 35　椭球形丁胞管阻力预测结果与实验结果比较

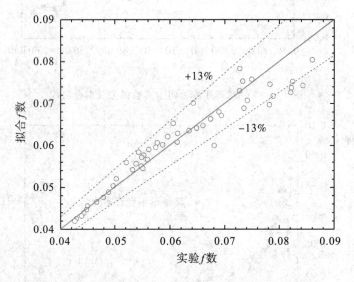

图 7 - 36　圆球形丁胞管阻力预测结果与实验结果比较

7.8.4　综合性能评价

与上一节类似,引入以节能为目标的强化传热综合性能评价图对内凹圆球形和椭球形丁胞管进行分析,如图 7 - 37 所示。图中不同符号的线代表了不同的丁胞及不同的实验工况,每一条线上的点是不同 Re 数时的实验结果。

由图 7 - 37 可以看出,相比较外凸形丁胞管,内凹形丁胞管的综合性能表现得更好。内凹椭球形丁胞管的大部分结果均位于第 4 区,并处于第 4 区的最左侧,即综合性能最好。圆球形丁胞管的大部分实验结果位于第 3 区和第 4 区,当管内流体处于过度流动和低 Re 数湍流流动时综合性能比较好。

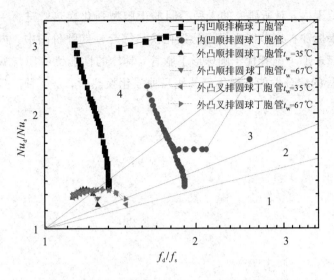

图 7-37　内凹形丁胞换热管的综合性能评价

本 章 小 结

本章对多种不同丁胞结构和排列方式的丁胞强化换热管进行了实验研究。实验测试的丁胞结构分为外凸形和内凹形两种，排列形式有顺排和叉排，丁胞形状包括了圆球形和椭球形，对各种丁胞管的换热性能和流动阻力特性的实验结果做了详细的分析，并回归了实验关联式，主要结论如下：

（1）对原有的管内流动换热实验台进行了改建，完善了强化换热管换热和阻力性能实验装置，设计和加工了实验段及相应的上游和下游流路，采用套管加热的形式，管内冷却工质为空气，管外加热工质为恒温热水。

（2）检验了实验装置和测量方法的可靠性，首先进行了光滑圆管内流动与换热的实验测试，结果显示，换热结果与 Gnielinsiki 经验公式的计算结果相吻合，其偏差在 10％之内；阻力系数与 Blasius 经验公式和 Filonenko 经验公式相吻合，其偏差在 5％之内，说明了实验结果的误差满足工程要求。

（3）分别对顺排和叉排两种不同排列形式的外凸形圆球丁胞管进行实验，并通过实验结果回归了换热和阻力关联式。实验结果表明，在相同的运行工况下，丁胞管的换热性能和流动阻力均较光滑圆管有所提高。与圆管相比，两种丁胞管的 Nu 数提高了 18.6％～22.7％，阻力系数 f 分别提高了 18.6％～25.9％和 14.3％～29.8％。在所研究的 Re 数范围内，叉排丁胞管的流动阻力比较小，综合性能更好。

（4）分别对外凸的椭球形丁胞管和圆球形丁胞管进行了换热和阻力性能的测试实验，获得了换热和阻力关联式。实验结果表明，椭球形和圆球形丁胞使得管内换热得到了显著强化，与光滑圆管相比，换热性能增强了 38％～175％和 34％～158％，阻力增大了 25％～120％和 65％～146％。换热增强的比例接近甚至大于阻力增大的比例。

（5）在实验范围内，对所研究的 4 种不同的丁胞型强化换热管进行了综合性能分析和评价，将计算结果标注在以节能为目标的强化换热综合性能评价图中。内凹形丁胞管优于外凸形丁胞管，椭球形丁胞管优于圆球形丁胞管，具体的性能优劣还与 Re 数等因素有关。内凹椭球形丁胞管的综合性能指标优于其他几种强化换热管，是一种高效节能的强化换热元件。

第 8 章　组合管径换热设备的流路布置和设计研究

8.1　问题的提出

对于空调器中的冷凝器和蒸发器来说，理论和实验研究均表明，除了可以通过改善管外空气侧的翅片和管内结构来增强换热外，还可以从管路的流路布置方式着手，通过合理安排流路，以取得较好的换热性能。当高温和低温介质的进口温度一定时，逆流传热比顺流传热有着更大的传热平均温差，因而也具有更大的换热量，叉流的换热量处于这两者之间。这也说明了换热器流路布置会改变传热温差的分布，会对换热量产生影响。

研究管翅式换热器流路布置是一项复杂的工作，因为对其造成影响的因素很多。第一，传热介质的相态在换热过程中是变化的，如在制冷空调系统中，制冷剂在冷凝器中一般都要经历过热、饱和、过冷 3 个阶段。这导致沿着管壁过程中的传热和流动的特征明显不同。第二，换热器应该具有均匀的换热性能和流动阻力特性，然而复杂的流路布置又会造成传热的不均匀性，这是在进行流路布置研究尤其是复杂流路布置研究中应尽量避免的。换热器流路布置不仅仅指换热管的排列方式，还包括换热管组的分叉流动等情况。当制冷剂流量一定时，通路数和分叉与否直接影响制冷剂的流速，也会影响换热系数。因此，流路的布置形式不但涉及平均温差，而且涉及传热系数。最优的管组连接方式应使两者的综合效果最佳，以取得较高的换热量。

西安交通大学的何雅玲院士课题组提出换热器的流路优化布置和设计可依据的 5 大原则，即场协同原理、等热流密度原则、纯逆流原则、减少翅片间的逆向导热原则以及重力作用影响原则[148]，并基于传热单元数法，对翅片管冷凝器和蒸发器建立了相应的数值仿真模型。通过计算得出，纯逆流布置方式是冷凝器中换热效果最好的，其次是"Z"字形布置方式的换热效果。西安交通大学的陶文铨院士课题组建立了分析管翅式换热器流路的数据结构和计算模型，计算结果表明流路结构对换热器性能影响显著，合理布置流路可以有效降低制冷剂侧阻力，改善换热器中各换热管热负荷分布的效果。

本章以具有更高换热性能且更加紧凑的组合管径换热器（采用常规管径和小管径组合的换热器）为对象，提出进一步通过换热器流路的布置和设计，对换热器空气侧和管内侧的换热和阻力特性加以探讨，通过优化换热器的流路布置方式，达到高效低阻强化换热的目的。为了方便快捷地进行换热器流路布置的优化设计，这里建立了用于换热器流路设计的计算模型，开发了相应的设计计算软件，并经过对实际换热器流路改进的设计，证明了所开发软件的有效性和实用性。

8.2　物　理　模　型

以实际应用中的换热器作为研究对象，选取的常用的空调蒸发器和冷凝器体为设计和计算的物理模型，参见图8-1。根据空调换热器的类型和安装方式，参考实际空调换热器的几何结构，建立了换热器的总体物理模型，需要的参数如下：

（1）换热器整体参数：换热器类型（蒸发器、冷凝器）；换热器布置倾角（0～90°）；管排形式（顺排、叉排）；如果管排形式为叉排还要确定具体的排列方式（奇数排高位，偶数排高位）。

（2）换热管参数：换热管长度，管排数，每排管数，管间距，管排间距，每排换热管的管径组合，换热管类型（光管、螺纹管等）。

（3）翅片参数：翅片厚度，翅片间距，翅片类型（平直翅片、波纹翅片、开缝翅片等）。

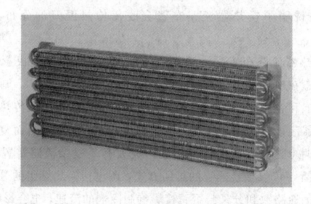

图8-1　物理模型示意图

8.3　计　算　关　联　式

8.3.1　翅片侧

由于翅片侧为空气，假设在蒸发器和冷凝器中都不存在相变现象，流动与换热性能的计算均采用单相关联式。对于不同的翅片形式应该采用不同的计算关联式。以下针对平直翅片采用 Wang C. C. [24-35] 提出的通用计算公式进行详细说明。

1. 计算换热 j 因子

当管排数为 1 时，有

$$j = 0.108 Re_{D_c}^{-0.29} \left(\frac{P_t}{P_l}\right)^{P_1} \left(\frac{F_p}{D_c}\right)^{-1.084} \left(\frac{F_p}{D_h}\right)^{-0.786} \left(\frac{F_p}{P_t}\right)^{P_2} \tag{8-1}$$

式中，$P_1 = 1.9 - 0.23\ln(Re_{D_c})$，$P_2 = -0.236 + 0.126\ln(Re_{D_c})$

当管排数为 2 或 2 以上时，有

$$j = 0.086Re_{D_c}^{P_3} N^{P_4} \left(\frac{F_p}{D_c}\right)^{P_5} \left(\frac{F_p}{D_h}\right)^{P_6} \left(\frac{F_p}{P_t}\right)^{-0.93} \tag{8-2}$$

式中，$P_3 = -0.361 - \dfrac{0.042N}{\ln(Re_{D_c})} + 0.158\ln\left[N\left(\dfrac{F_p}{D_c}\right)^{0.41}\right]$

$$P_4 = -1.224 - \frac{0.076\left(\dfrac{P_1}{D_h}\right)^{1.42}}{\ln(Re_{D_c})}$$

$$P_5 = -0.083 + \frac{0.058N}{\ln(Re_{D_c})}$$

$$P_6 = -5.735 + 1.2\ln\left(\frac{Re_{D_c}}{N}\right)$$

2. 计算阻力 f 因子

阻力 f 因子的计算式为

$$f = 0.0267Re_{D_c}^{F_1} \left(\frac{P_t}{P_1}\right)^{F_2} \left(\frac{F_p}{D_c}\right)^{F_3} \tag{8-3}$$

式中，$F_1 = -0.764 + 0.739\dfrac{P_t}{P_1} + 0.177\dfrac{F_p}{D_c} - \dfrac{0.00758}{N}$

$$F_2 = -15.689 + \frac{64.021}{\ln(Re_{D_c})}$$

$$F_3 = 1.696 + \frac{15.695}{\ln(Re_{D_c})}$$

8.3.2　管内侧换热

1. 冷凝器和蒸发器管内过热区和过冷区（$x=0$ 或 $x=1.0$）

管内侧单相的换热性能计算关联式使用 Dittus-Boelter 方程[5]进行计算：

$$Nu = 0.023Re^{0.8}Pr^n \tag{8-4}$$

式中，加热流体时 $n=0.4$，冷却流体时 $n=0.3$。公式使用范围：$Re_f = 10^4 \sim 1.2 \times 10^5$，$Pr_f = 0.7 \sim 120$，$l/d \geqslant 60$。

2. 冷凝器管内两相区（$0 < x < 1.0$）[235]

对于冷凝气中同时存在气液混合物的两相区内，采用以下关联式计算 Nu 数。

$$Nu = \begin{cases} \dfrac{Pr_1 Re_1^{0.9}}{F_2}[F(x_{tt})] & F(x_{tt}) \leqslant 2 \\[3mm] \dfrac{Pr_1 Re_1^{0.9}}{F_2}[F(x_{tt})]^{1.15} & F(x_{tt}) > 2 \end{cases} \tag{8-5}$$

式中，将 x_{tt} 称为 Martinelli 数，

$$x_{tt} = \left(\frac{\mu_l}{\mu_v}\right)^{0.1} \left(\frac{\rho_l}{\rho_v}\right)^{0.5} \left(\frac{1-x}{x}\right)^{0.9}$$

$$Re_1 = \frac{ud(1-x)}{\mu}, \quad F(x_{tt}) = 0.15\left(\frac{1}{x_{tt}} + 2.85x_{tt}^{-0.467}\right)$$

当 $Re_1 \leqslant 50$ 时，$F_2 = 0.707Pr_1Re_1^{0.5}$。

当 $50 < Re_1 \leqslant 1125$ 时，$F_2 = 5Pr_1 + 5\ln[1 + Pr_1(0.0964Re_1^{0.585} - 1)]$。

当 $Re_1 > 1125$ 时，$F_2 = 5Pr_1 + 5\ln(1 + 5Pr_1) + 2.5\ln(0.00313Re_1^{0.812})$。

3. 蒸发器管内两相湿壁区($0 < x < 0.8$)[236]

对于蒸发器中的两相湿壁区的换热情形，采用以下公式计算 Nu 数：

$$\frac{Nu_{tp}}{Nu_L} = \frac{3}{x_{tt}^{2/3}} \tag{8-6}$$

式中，液相 Nu_L 数采用 Dittus-Bodter 公式进行计算。

$$x_{tt} = \left(\frac{\mu_l}{\mu_v}\right)^{0.1} \left(\frac{\rho_l}{\rho_v}\right)^{0.5} \left(\frac{1-x}{x}\right)^{0.9}$$

4. 蒸发器管内蒸干区($0.8 \leqslant x < 1.0$)[236]

蒸干区的局部换热系数可近似地看成线性变化，因而有

$$\frac{Nu_{do} - Nu_{tp}}{Nu_{do} - Nu_g} = \frac{x - x_{do}}{1 - x_{do}} \tag{8-7}$$

式中，$x_{do} = 0.8$。

8.3.3　管内侧阻力

1. 单相直管阻力[237]

单相直管阻力的计算式为

$$f = \begin{cases} 64/Re & Re < 2000 \\ 0.0025\sqrt[3]{Re} & 2000 \leqslant Re < 4000 \\ 0.0055\left[1 + \left(20000\dfrac{\delta}{d} + \dfrac{10^6}{Re}\right)^{1/3}\right] & Re \geqslant 4000 \end{cases} \tag{8-8}$$

$$\Delta p = f\frac{\Delta l}{d}\frac{\rho u^2}{2} \tag{8-9}$$

2. 两相直管阻力[238]

两相直管阻力的计算式为

$$f = 0.037\left(\frac{K'}{Re}\right)^{0.25} \tag{8-10}$$

$$\Delta p = \left(f\frac{\Delta l}{d} + 2\frac{x_2 - x_1}{\bar{x}}\right)\frac{\rho u^2}{2} \tag{8-11}$$

式中，K' 为沸腾准则数。

3. 单相弯头阻力[239]

单相弯头阻力的计算式为

$$f = \begin{cases} \text{单相直管阻力关联式} & Re\left(\dfrac{d}{c}\right)^2 < 0.034 \\[2ex] \left(\dfrac{d}{c}\right)^2 \left[0.029 + 0.304 Re\left(\dfrac{d}{c}\right)^2\right]^{-0.25} & 0.034 \leqslant Re\left(\dfrac{d}{c}\right)^2 < 300 \quad (8-12) \\[2ex] 0.316\left(\dfrac{d}{c}\right)^{0.1} Re^{-0.2} & Re\left(\dfrac{d}{c}\right)^2 \geqslant 300 \end{cases}$$

$$\Delta p = f\frac{\Delta l'}{d}\frac{\rho u^2}{2} \tag{8-13}$$

式中，c 为弯头中心距。

4. 两相弯头阻力[238]

两相弯头阻力的计算式为

$$\Delta p = \left(\xi_1 + \xi_2 + 2\frac{x_2 - x_1}{\bar{x}}\right)\frac{\rho u^2}{2} \tag{8-14}$$

式中，ξ_1 为弯头局部阻力系数，取 $\xi_1 = 1.0$。ξ_2 为弯头摩擦阻力系数，取 $\xi_2 = 0.094 R/d$，R 为弯曲半径。

8.4 数 值 方 法

8.4.1 物性参数

在对流路布置进行数值模拟的过程中，需要用到大量的物性参数。比如空气的运动黏度、导热系数以及制冷剂的运动黏度、比热容等等。以往在计算物性方面较多采用的方法是将已知温度范围内的物性参数拟合成公式，但这样得到的结果不够精确。本章计算物性的程序是通过与美国 NIST 编制的用于计算制冷剂物性的软件 REFPROP 中的源程序混编来进行计算的，这样得到的结果更为可信。在之后的计算中均采用 R22 作为制冷剂工质，进行不同流路布置，从而进行数值模拟和分析比较。但为了使程序具有可扩展性，可以适用于其它领域的换热器流路布置计算，在制冷剂工质、翅片材料、换热管材料等的选择方面都进行了单独的模块化设计，能够适用于大量常用的制冷剂工质和金属材料。

8.4.2 网格划分

以换热器的每根换热管为计算对象，沿管长将其离散为若干小的计算单元，其长度选取应至少大于翅片间距。当换热器中的换热管为顺排布置和叉排布置时，网格划分的方式不同。图 8-2 和图 8-3 分别为顺排布置和叉排布置的网格划分示意图。

网格划分之后将整个换热器划分为若干个小的计算单元，每个计算网格可以视为一个独立的交叉流动换热器，如图 8-4 所示。制冷剂工质在管内流动，空气在翅片侧流动，通过对每个单元进行求解，并以一定的顺序完成整个网格的计算，就能得到整个换热器的参数计算结果。

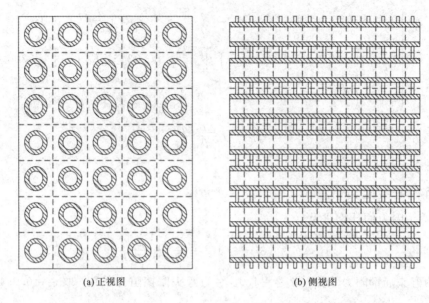

(a) 正视图 (b) 侧视图

图 8-2 顺排布置换热器的网格划分示意图

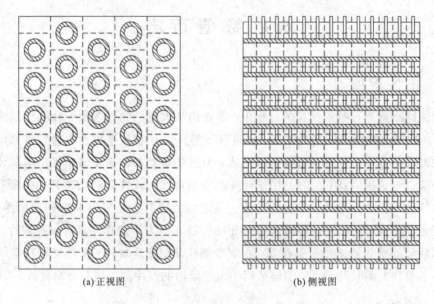

(a) 正视图 (b) 侧视图

图 8-3 叉排布置换热器的网格划分示意图

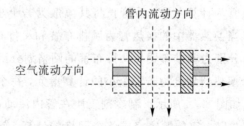

图 8-4 网格单元示意图(可视为交叉流换热器)

8.4.3　单元求解

1. 单元参数传递

在制冷剂侧，换热管从入口到出口包含连续的数个计算单元。对于每个计算单元，其制冷剂出口参数即为下一个单元的入口参数。最初的计算单元的入口参数等于整个换热器管内的入口参数。最后一个计算单元的出口参数等于整个换热器的管内出口参数。

在空气侧，进出口参数的传递需要考虑两种情况，换热管顺排布置和叉排布置。对于顺排布置，每一个单元的进口参数为上一个单元的空气出口参数。当换热管为叉排布置时，单元空气入口参数为上两个相邻单元空气出口参数的加权平均值：

$$\begin{cases} q_{m,\ air,\ e1} = (q_{m,\ air,\ e2} + q_{m,\ air,\ e3})/2 \\ P_{air,\ e1} = (P_{air,\ e2} + P_{air,\ e3})/2 \\ T_{air,\ e1} = (T_{air,\ e2}\dot{m}_{air,\ e2} + T_{air,\ e3}\dot{m}_{air,\ e3})/\dot{m}_{air,\ e1} \end{cases} \tag{8-15}$$

2. 单元换热计算

根据单元模型的假设，每个单元的热阻为

$$R_e = \frac{1}{kA_o} = \frac{1}{\eta h_o A_o} + \frac{1}{h_i A_i} \tag{8-16}$$

其中空气侧的对流传热系数 h_o 由翅片侧换热性能关联式进行计算。制冷剂侧的对流传热系数 h_i 由管内侧换热性能关联式进行计算。在不同的区域内，采用不同的关联式计算结果。单元的总对流传热系数 k 由两侧的对流传热系数计算。

采用传热效率-单元数(ε-NTU)方法直接计算单元的换热量：

$$Q_e = \varepsilon (q_m c_p)_{min}(T_{h,\ in} - T_{c,\ in}) \tag{8-17}$$

式中，

$$\varepsilon = \frac{1 - \exp\left\{(-NTU)\left[1 - \frac{(q_m c)_{min}}{(q_m c)_{max}}\right]\right\}}{1 - \frac{(q_m c)_{min}}{(q_m c)_{max}}\exp\left\{(-NTU)\left[1 - \frac{(q_m c)_{min}}{(q_m c)_{max}}\right]\right\}} \tag{8-18}$$

$$NTU = \frac{kA}{(q_m c)_{min}} \tag{8-19}$$

空气侧出口参数计算如下：

$$Q_e = q_m(H_{air,\ in} - H_{air,\ out}) = q_m c_p(T_{air,\ in} - T_{air,\ out}) \tag{8-20}$$

制冷剂侧出口参数计算如下：

$$Q_e = q_{m,\ ref}(H_{ref,\ in} - H_{ref,\ out}) \tag{8-21}$$

3. 单元压降计算

空气侧的压降主要是由于流动的沿程阻力和流动截面积变化引起的局部阻力造成的。计算公式参见节 8.3。制冷剂侧压降可以分为 3 个部分，分别为阻力项、加速项和重力项。其中，阻力项由上述关联式进行求解，加速项是由密度的变化引起的，重力项是由管排的不同高度造成的。

8.4.4　相变界面定位

对于应用在空调或制冷领域的管翅式换热器，管内会发生制冷剂的相变现象。按照管内制冷剂的状态可以将整个换热管分为 3 个部分，分别为过热气体区、两相区和过冷液体区。但是，当把换热管离散为单元时，无法对 3 个区域的界面进行直接定位。在大多数情况下，会有两个区域同时存在于一个网格单元内，即这个区域的界面在网格单元的内部。所以就需要对这些包含两个区域的网格单元进行分析，以确定区域界面的位置。

以冷凝器的换热管单元为例，如果进口的制冷剂处于过热气体状态，假设该单元没有发生相变现象，计算出口的焓值和压力。将出口焓值与出口压力下的饱和蒸气焓值进行比较，如果出口的焓值大于出口压力下的饱和蒸气焓值，说明出口处的制冷剂依然处于过热气体状态，没有发生相变；如果相等，说明该单元的出口截面恰好是制冷剂从过热气体区变为两相区的区域界面；如果出口焓值小于出口压力下的饱和蒸气焓值，说明出口处的制冷剂已经处于两相区，在该单元内部开始发生相变。

对于包含两个区域的单元，采用二分法对界面进行定位。将该单元分为两个等长的子单元，计算前一个子单元的出口参数，确定界面在哪个子单元中，再将包含界面的子单元继续划分成两个更小的子单元，重复上述过程，最终得到一定精度的截面位置。

8.4.5　迭代求解

首先对所要计算的模型进行适当的假设：① 制冷剂及空气进口参数恒定；② 制冷剂中无不凝性气体；③ 不计换热管的轴向导热；④ 翅片沿换热管长度方向分布均匀；⑤ 空气在计算单元没有沿轴向方向的掺混；⑥ 不计凝结水膜热容的影响。

按照上述的网格划分方法，将换热器分成许多基本传热单元，从而对换热器的模拟计算转变为对每个传热单元的模拟计算。不同的管组连接方式有不同的传热单元计算顺序。本章所采用的计算方法为按制冷剂流经传热单元的顺序进行计算，这样每个传热单元的制冷剂进口参数总是已知的或是可以直接由上一个单元的出口参数得到。

如果换热器的制冷剂流动方向总是与空气流动方向一致或垂直，则其管组连接方式是顺流布置，如图 8-5 所示。在制冷剂侧，进口必定在第一排管上，而且制冷剂总是经历完前一排管再进入下一排；在空气侧，第一排管各单元的空气参数均为空气进口参数，之后每排管的空气进口参数为上一排管的空气出口参数。从制冷剂进口的第一个单元开始进行模拟，计算得到出口参数，再沿制冷剂流动方向计算下一个单元，依次算完第一排管的每个传热单元，直至计算到制冷剂出口。

按照制冷剂流动方向的顺序计算，如果换热器中某些单元的空气进口参数既非已知，又不能直接从前排管的计算中得到，则管组连接方式是逆流布置或含有逆流的混合流布置，如图 8-6 所示。这时由于有些单元的入口参数未知，需要采取整体迭代的方法进行计算。模拟计算仍从制冷剂进口开始，先假设每排管每个单元都处于空气进口参数下，来对每个单元进行计算，每个单元制冷剂进口参数由上一个单元制冷剂出口参数获得。对所有

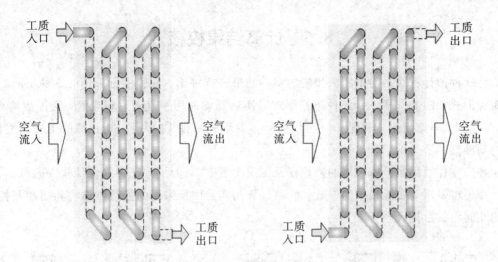

图 8-5　顺流布置示意图

单元计算完毕一轮后，得到各单元的空气出口参数，然后再从第一单元重新算起，将下一排管的第一单元进口参数等于上一排管最后一个单元的上一轮次计算的出口空气参数。计算完毕后，对每个单元本轮与上一轮计算所得的空气出口参数进行比较，直至每个单元的空气出口参数的变化量小于给定精度，否则再从第一单元进行新一轮次的计算。

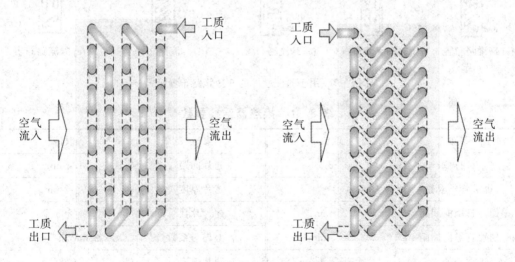

图 8-6　逆流及混合流布置示意图

　　值得指出的是，在对每个单元进行计算时，因单元出口参数是待定量，在求取换热系数等参数时，需要用到平均温度、平均含湿量和制冷剂平均干度等，所以必须先假定出口参数。但是在一定范围内，出口参数对平均状态下的物性、换热系数等影响不太明显。经过反复迭代计算，最终可以获得翅片侧的出口压力、出口温度和空气侧的总换热量等参数。在管内侧，可以得到沿流动方向的温度、压力、干度、局部换热量和制冷剂侧的总换热量等参数。

8.5 计算结果校核

将软件的计算结果与本团队相应的实验结果进行对比。实验中所采用的 5 种不同的管路布置形式如图 8-7 所示，5 种布置形式的换热器均使用平直翅片和光管，管排数均为 2 排，1 号到 4 号布置形式每排 13 根管，5 号布置形式每排 12 根管。翅片侧的工质为空气，管内制冷剂工质为 R22。

按照本课题组实验所采用的换热器及工况参数[148]，为了验证管路设计软件的可靠性，在计算中也采用与实验相同的参数。管路计算与实验中所采用的换热器结构和翅片及换热管的几何参数参见表 8-1。

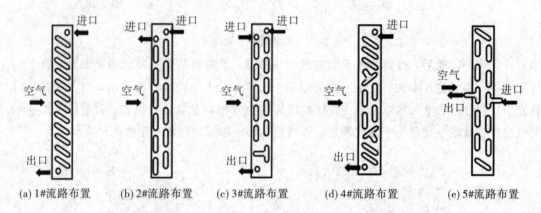

(a) 1#流路布置　(b) 2#流路布置　(c) 3#流路布置　(d) 4#流路布置　(e) 5#流路布置

图 8-7　用于验证软件的 5 种管路布置形式

表 8-1　换热器结构参数

参数	取值	参数	取值
管排数	2	翅片间距	1.8 mm
每排管子根数	13	翅片厚度	0.12 mm
翅片管横向间距	25 mm	翅片片数	289
翅片管纵向间距	21.6 mm	管壁导热系数	236 $\mathrm{Wm^{-1}k^{-1}}$
管外径	9 mm	翅片效率	0.86
管内径	8.44 mm	换热器宽	43.3 mm
换热器长	434 mm	换热器高	325 mm

为了与实验的工况比较，计算时选取了实验中实际的运行工况参数进行计算，空气侧的入口温度为 35℃，制冷剂侧的入口温度为 90℃，制冷剂侧入口压力对应的冷凝温度为 54.4℃。空气的实际流速和制冷剂的实际流量如表 8-2 所示。

表 8 - 2　换热器运行工况

序号	空气流速/m·s⁻¹	制冷剂流量/kg·h⁻¹
1	1.498	49.3
2	1.491	44.24
3	1.494	47.7
4	1.535	30
5	1.491	47

表 8-3 为数值模拟计算结果与实验结果的对比分析。分别比较了不同流路布置形式和不同换热管数量时，空气侧和制冷剂侧的总压降和总换热量。从比较的结果可以看出，空气侧压降的计算结果与实验结果相差不大。经过分析，流路的布置形式对空气侧阻力的影响不大，计算结果也显示 5 种换热器的空气侧压降基本相同，这也从另一个方面验证了数值计算方法的准确性。制冷剂侧的压降计算结果与实验结果的变化趋势基本一致，但在绝对值上有一定的误差，尤其是 3♯换热器的误差最大。实验结果的 3♯换热器和 4♯换热器的制冷剂侧压降基本相同，而计算结果 3♯换热器的制冷剂侧压降比 4♯换热器小很多。经过分析，3♯换热器的流路布置方式为双进单出，全程采用并联的形式，而 4♯换热器采用的是单-双-单的布置方式。因此 3♯换热器的制冷剂侧压降理论上应该比 4♯换热器小。计算结果和实验结果的总换热量之间误差非常小。经过对数值计算方法的验证和校核，说明该方法是可行的，计算的结果是可靠的。

表 8 - 3　计算结果与实验结果对比

序号	空气侧				制冷剂侧			总换热量/W	
	风速 /m·s⁻¹	阻力/Pa		流量 kg·h⁻¹	阻力/kPa				
		计算	实验		计算	实验		计算	实验
1	1.496	6.498 22	6.69	46.7	10.89	11.39		2574.91	2600
2	1.498	6.511 06	7.59	49.3	12.89	12.52		2700.29	2757
3	1.491	6.466 16	4.35	44.24	1.69	7.37		2285.61	2488
4	1.494	6.485 39	8.1	47.7	5.59	7.92		2558.13	2694
5	1.535	6.750 48	6.16	30	0.63	1.8		1660.475	1700

8.6　软件开发及应用

为了能够使用户方便快捷地对管翅式换热器的不同管径分布和各种复杂流路进行计算，作者基于计算模型和程序，编制了具有高度灵活性和友好图形用户界面的仿真平台——变管径管翅式换热器流路设计计算软件。图 8-8 为计算软件主界面的截图。

用户可以通过新建、打开、保存工具，新建项目，打开已有或已经保存的项目，保存当前正在设置的项目。以下对流路设计计算各步骤的具体操作进行详细介绍。

图 8-8　软件主界面截图

1. 换热器整体参数设置

换热器整体参数设置包括换热器的类型（蒸发器或冷凝器）、管排形式（叉排或顺排）。如果管排形式为叉排，需要选择是偶数列高位还是奇数列高位；换热器是否竖直放置，以及竖直布置的倾角。图 8-9 给出了这里计算所采用的换热器整体参数具体情况。

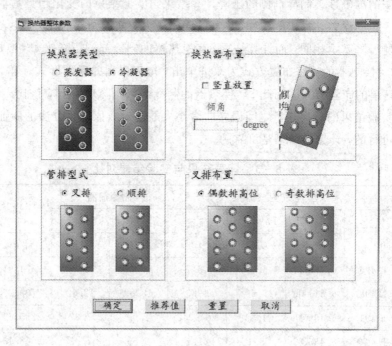

图 8-9　换热器整体参数设置界面

2. 换热管参数设置

换热管参数界面分为 4 个部分，管子参数、制冷剂工质、管材参数以及计算关联式的选择。管子参数包括管长、管排数、每排管数，并根据管排数分别输入每排管的管外径和管壁厚。如果换热管为螺纹管，还可以选择螺纹相关参数。软件内置了大量类型的制冷剂参数，囊括了 40 余种常用的制冷剂工质。由于将管材参数视为常数，所以由用户自己输入，默认的推荐值为铝的参数。计算关联式分为单相换热关联式、单相压降关联式、两相换热关联式、两相压降关联式。软件内置了一些相关的关联式，由用户自己选择使用或输人。图 8 - 10 给出了本章计算所采用的换热管参数。

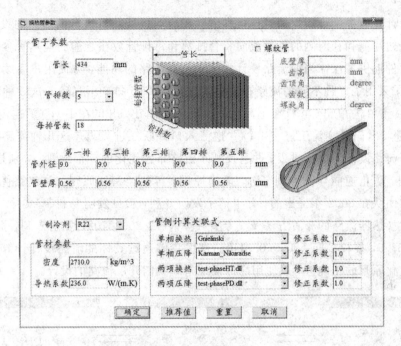

图 8 - 10 换热管参数设置界面

3. 翅片参数设置

翅片参数界面分为 3 个部分，翅片参数、翅片材料以及计算关联式的选择。翅片参数包括管间距、管排间距、翅片厚度、翅片间距。由用户自己输入翅片材料参数，默认的推荐值为铝的参数。计算关联式为单相管外流动换热关联式，软件内置了一些相关的关联式，由用户自己选择使用或输入。图 8 - 11 所示为本次计算所采用的翅片参数。

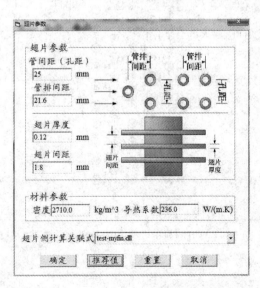

图 8 - 11 翅片参数设置界面

4. 流路设置

流路设计界面提供给用户通过连接和删除相应两根换热管进行的流路的设计，还可以便捷地设置翅片侧和管内侧的工质流向。管排数和每排管数在之前的换热管参数中已经做了设定。软件提供了保存当前流路设计和载入已有流路的功能，方便用户后续操作。如图 8-12 所示，采用了 5 种不同的流路布置形式进行计算(5 排 90 根管)。这 5 种流路形式分别为：① 顺流单进单出(出口在上)；② 顺流单进单出(出口在下)；③ 逆流单进单出；④ 逆流双进双出；⑤ 逆流三进三出；⑥ 逆流入口并联三进三出。这几种流路的布置形式分别对应了流路设计的优化过程，并且反映了流路布置优化的 5 个原则，分别是重力原则、纯逆流原则、防止逆向导热原则、均匀阻力原则、等热流密度原则。该流路优化布置的 5 大原则是本团队在 2002 年提出的，并申请了发明专利，参见发明专利(陶文铨，何雅玲，郭进军．一种换热器流路的布置方法及其装置，申请日：20020702，发明专利，批准专利号：ZL 02114653.5，授权日期：2009.03.11)。这里我们通过具体的流路设计计算效果，来证明这 5 大优化原则的正确性，以便用之方便地指导我们开展流路的设计。

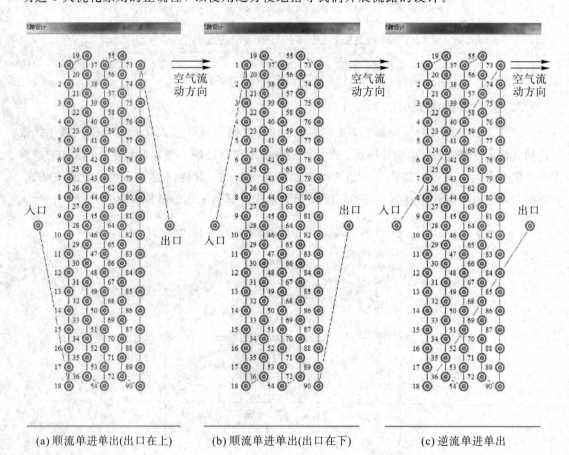

　　(a) 顺流单进单出(出口在上)　　　(b) 顺流单进单出(出口在下)　　　(c) 逆流单进单出

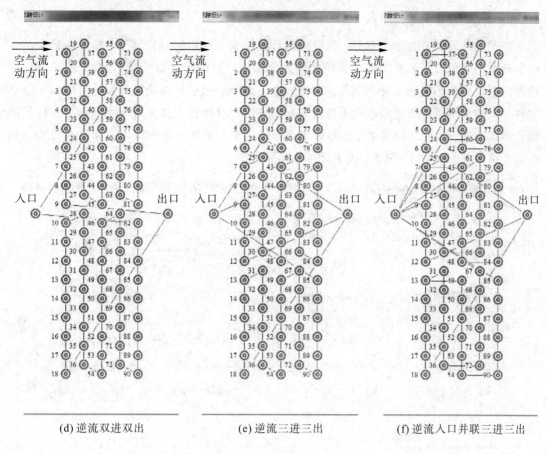

| (d) 逆流双进双出 | (e) 逆流三进三出 | (f) 逆流入口并联三进三出 |

图 8-12　流路设置界面

5. 工况参数设置

工况设计界面分为两个部分，即翅片侧工况、管内侧工况。翅片侧工况可以设置迎面风速、大气压力、迎风空气的干球和湿球温度。管内侧工况可以设置管内流量、入口温度、入口压力、入口摩尔干度。如图 8-13 所示为本次计算所采用的运行工况参数。

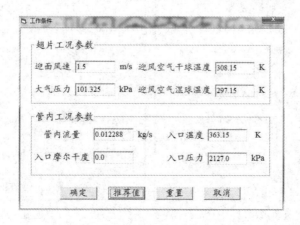

图 8-13　工况参数设置界面

6. 计算结果分析

工况设计界面分为 3 个部分，即管内侧计算结果、翅片侧计算结果、热平衡结果。管内侧计算结果可以显示整个换热器管内侧入口和出口处的温度、压力、干度；翅片侧计算结果可以显示换热器翅片侧的温差和压差；热平衡结果用于分析计算时候是否收敛。通过软件生产的文档可以查看每根管及每个单元的详细计算结果。如图 8-14 所示为 5 种不同流路形式的计算结果，沿流动方向每根换热管的进出口温度、进出口压力和整根管的换热量计算结果如图 8-15、图 8-16 和图 8-17 所示。

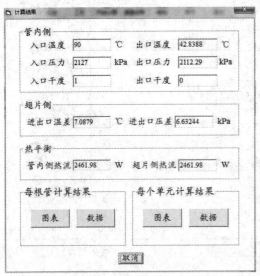

(a) 顺流单进单出(出口在上)　　　　　　　(b) 顺流单进单出(出口在下)

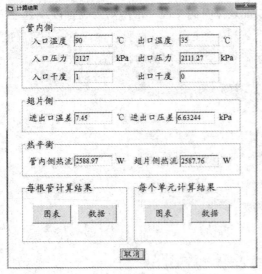
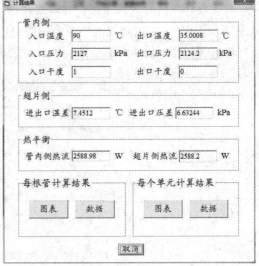

(c) 逆流单进单出　　　　　　　　　　(d) 逆流双进双出

计算结果					
管内侧					
入口温度	90	℃	出口温度	35.017	℃
入口压力	2127	kPa	出口压力	2125.99	kPa
入口干度	1		出口干度	0	

翅片侧

| 进出口温差 | 7.4489 | ℃ | 进出口压差 | 6.63244 | kPa |

热平衡

| 管内侧热流 | 2588.72 | W | 翅片侧热流 | 2587.37 | W |

每根管计算结果：图表　数据　　每个单元计算结果：图表　数据

取消

计算结果					
管内侧					
入口温度	90	℃	出口温度	35.4169	℃
入口压力	2127	kPa	出口压力	2126.77	kPa
入口干度	1		出口干度	0	

翅片侧

| 进出口温差 | 7.4304 | ℃ | 进出口压差 | 6.63244 | kPa |

热平衡

| 管内侧热流 | 2582.36 | W | 翅片侧热流 | 2580.97 | W |

每根管计算结果：图表　数据　　每个单元计算结果：图表　数据

取消

(e) 逆流三进三出　　　　　　　　　(f) 逆流入口并联三进三出

图 8-14　计算结果显示界面

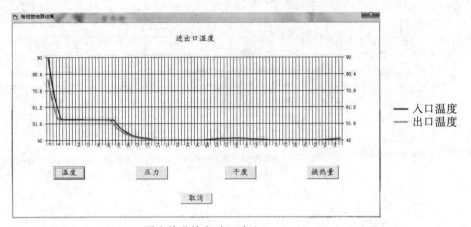

(a) 顺流单进单出(出口在上)

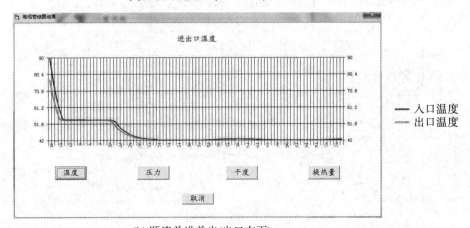

(b) 顺流单进单出(出口在下)

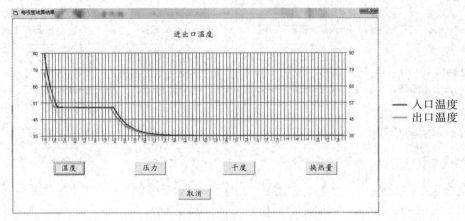

(c) 逆流单进单出

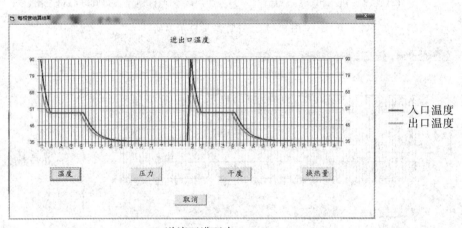

(d) 逆流双进双出

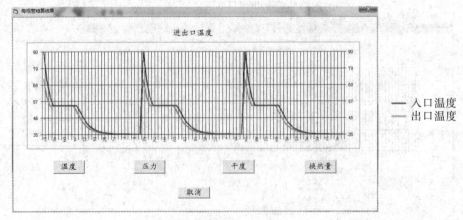

(e) 逆流三进三出

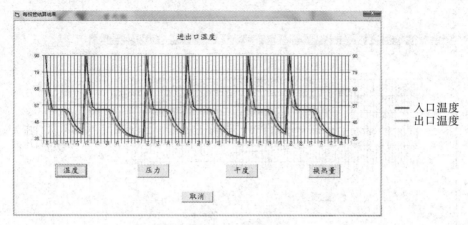

(f) 逆流入口并联三进三出

图 8-15　沿流动方向每根管进出口温度

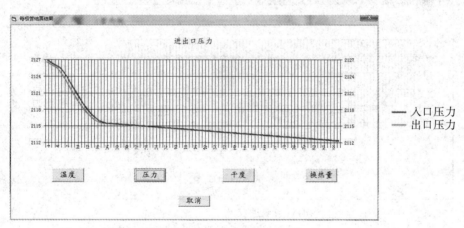

(a) 顺流单进单出(出口在上)

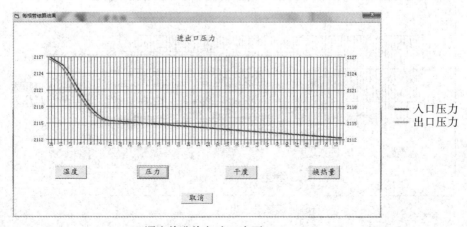

(b) 顺流单进单出(出口在下)

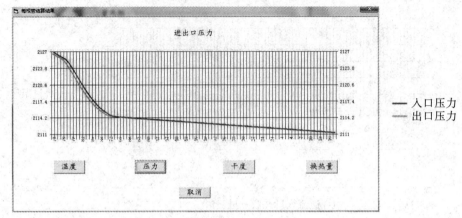

(c) 逆流单进单出

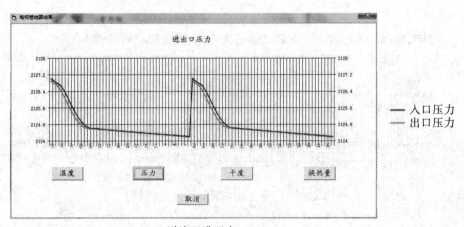

(d) 逆流双进双出

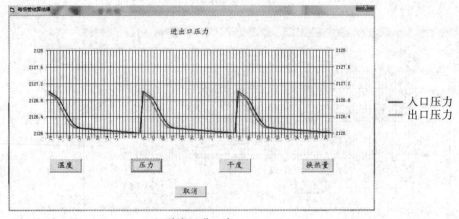

(e) 逆流三进三出

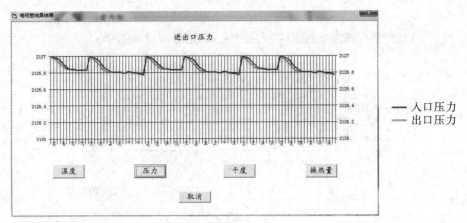

(f) 逆流入口并联三进三出

图 8-16　沿流动方向每根管进出口压力

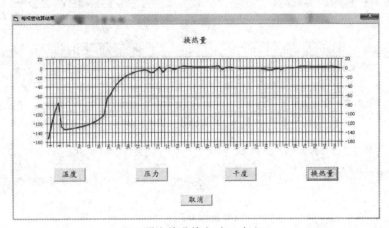

(a) 顺流单进单出(出口在上)

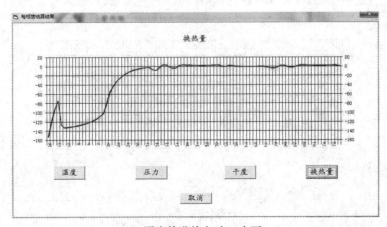

(b) 顺流单进单出(出口在下)

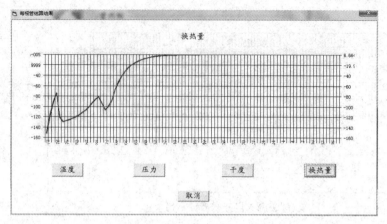

(c) 逆流单进单出

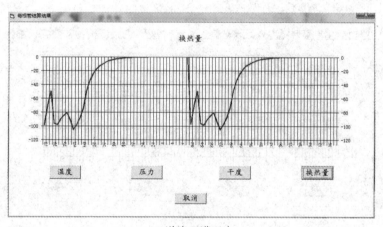

(d) 逆流双进双出

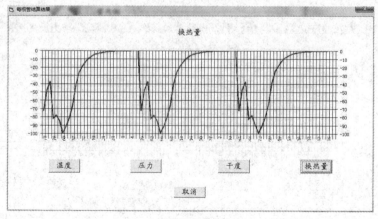

(e) 逆流三进三出

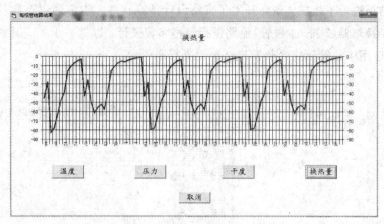

(f) 逆流入口并联三进三出

图 8-17　沿流动方向整根管的总换热量

由出口在上(a)和出口在下(b)两种顺流单进单出流路布置形式的计算结果可以看出，计算所采用的换热器为冷凝器，管内入口为气态、出口为液态，考虑到重力作用的原则，使液体从高处自动地流向低处，因此流路中应尽可能地让液体从高处流向低处，将出口设计在低处，以减少流动所需要的泵功，出口在下的流路形式的换热性能也略微优于出口在上，之后的优化流路均采用出口在下的设计。

由顺流(b)和逆流(c)两种单进单出流路布置形式的计算结果可以看出，当高温、低温介质的进口温度一定时，逆流传热比顺流传热有着更大的传热平均温差，因而也具有更大的换热量。与顺流相比，逆流的压降阻力提高了 1.02 kPa，而换热量提高了 122.005 W。顺流的布置形式会在制冷剂下游部分出现逆向传热的现象，即在冷凝器中热量从空气向制冷剂传递，使换热器的总体换热性能减弱。因此，在之后的流路优化选择中均采用逆流布置的原则。

由于单根蛇形管的压降阻力非常大，因此可以在逆流单进单出的基础上对流路进行优化设计，进而采用逆流双进双出(d)和三进三出(e)的布置形式。采用改进后的流路布置可以在换热量基本不变的情况下，大大降低压降阻力，逆流双进双出和三进三出时的压降分别为逆流单进单出时的 17.8% 和 6.42%。换热管入口附近的压降非常大，而出口的压降较小，这是由于冷凝器中工质为气态和两相时的流动阻力很大所造成的。因此，为了进一步提高换热效率，降低阻力，在逆流三进三出布置形式的基础上对每个支路再进行并联分流，使流动阻力更小。逆流入口并联三进三出(f)的压降阻力仅为逆流单进单出时的 1.56%，而换热量仅降低了 6.7 W。这样的设计符合均匀阻力和均匀热流密度的原则，最终获得的逆流入口并联三进三出(f)的布置形式为最佳。

8.7　实际流路的优化设计

以上各节分别介绍了流路设计的计算方法，作者编写了组合管径流路设计程序，并对程序的计算结果进行了校核，最终开发了流路设计计算软件。本节通过该软件对某厂家正在应用的冷凝换热器(2 排 64 根管)流路进行流路布置设计，以进一步提高其整体性能。图 8-18为实际应用中的管翅式换热器流路布置工程图。

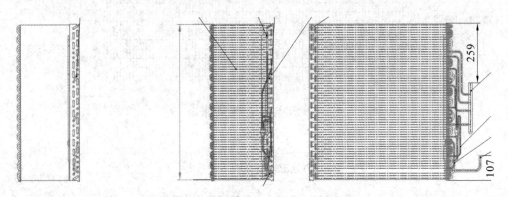

图 8-18　换热器流路布置图

　　根据厂家所提供的参数，按照前面介绍的软件使用方法进行建模和计算，整体换热器的计算结果如图 8-19 所示，每根换热管的计算结果如图 8-20 所示。图 8-20 (a)～(d)中所反映出的计算结果相互补充、相互印证。从图 8-20 中可以看出，制冷剂的 4 个入口支路分别经历了 1 根管左右长度的气相单相区，在这个区域中，制冷剂与空气的温差非常大，换热量比较高，同时由于气相的流速较高，压降也比较大。之后 4 个支路分别经历了 3 根管左右长度的气液两相区，在这个区域中，制冷剂的温度保持不变，干度迅速下降，由于两相的换热性能远大于气相，换热性能明显增强，同时阻力也明显增大。之后 4 个支路几乎同时进入了液相区，随着制冷剂与空气温差的逐渐缩小，换热量也逐渐下降，在进入液相

图 8-19　原始流路的整机计算结果

区 4 根管左右长度之后，换热量几乎为零，甚至在某些区域发生了逆向换热，即热量从空气向制冷剂传递。最后 4 个支路汇合在一起，经过 6 根换热管流出换热器，在汇合点处，由于流量增加、流速升高，换热量也有所提高，但随着温差的缩小，换热量又迅速降低。

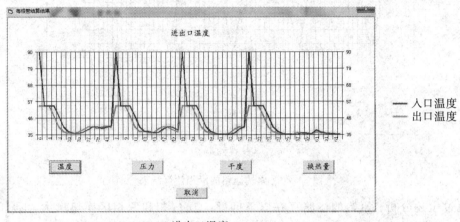

(a) 进出口温度

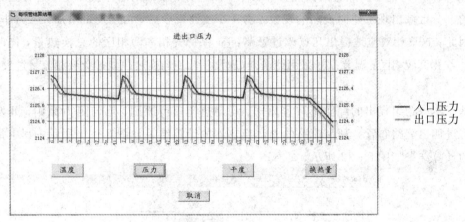

(b) 进出口压力

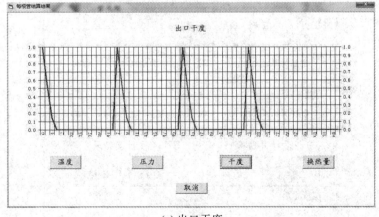

(c) 出口干度

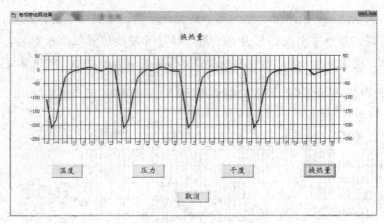

(d) 换热量

图 8-20 原始流路的沿程计算结果

通过上述分析，原始的流路存在以下问题：① 气相和两相区换热量大，阻力也大；② 液相区相当一部分换热管的换热量非常小，几乎对冷凝器的总体换热量不起作用；③ 液相区的部分区域出现了逆向换热的现象；④ 4 个支路汇合后，由于流量增加，阻力非常大。

因此，这里相对应地提出几点改进思路：① 保持气相和两相区的总换热量，同时降低阻力；② 提高液相区的温差；③ 采用纯逆流布置，消除逆向换热；④ 避免液相流量过大，降低阻力。

基于本课题组提出的纯逆流布置原则、均匀热流密度原则、均匀阻力原则，开发了新型的八进四出流路布置。新型流路的整体换热器的计算结果如图 8-21 所示，其中每根换热管的计算结果如图 8-22 所示。

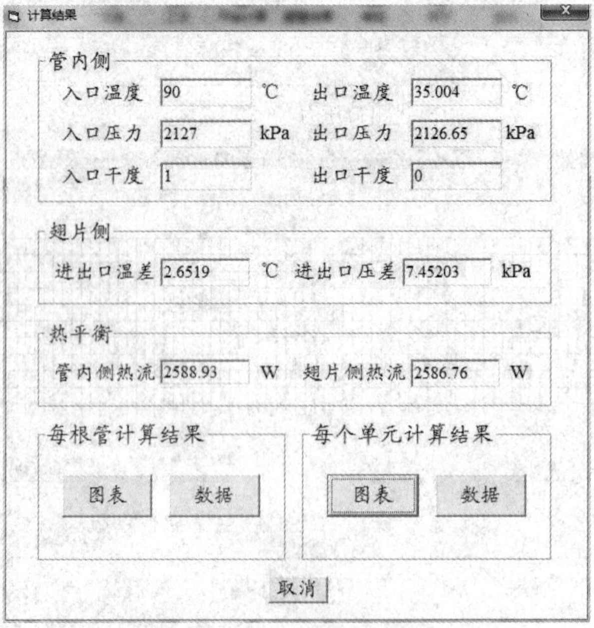

图 8-21 改进流路的整机计算结果

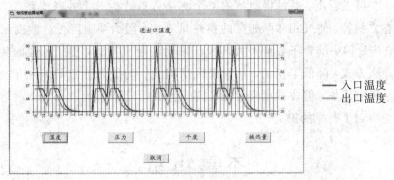

(a) 进出口温度

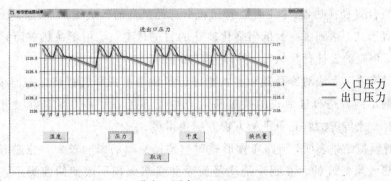

(b) 进出口压力

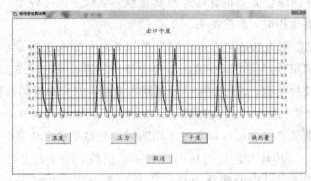

(c) 出口干度

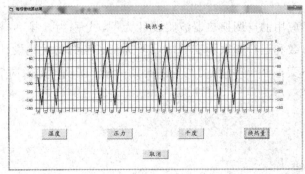

(d) 换热量

图 8-22　改进流路的沿程计算结果

由图 8-22 可以看出，通过将原始的 4 个支路入口改为 8 个并联支路入口，且每个支路的长度只有 4 根管，使气相和两相区的换热量不变，阻力明显降低。改变了液相区的温差分布，使换热量很小的管子数量大大减少。采用纯逆流布置，排除了逆向传热。在制冷剂出口采用并联方式，降低了流量，从而降低了阻力。与原始流路的换热量相比，改进流路后的换热量稍有增加，但改进流路后的压降仅为原始流路压降的 15%。改进流路后冷凝器的综合性能得到了明显的提高。

本 章 小 结

本章以组合管径换热器(采用常规管径和小管径组合的换热器)为对象，通过优化换热器的流路布置形式，达到了高效低阻强化换热的目的；建立了用于换热器流路设计的计算模型，开发了相应的设计计算软件，具体内容如下：

（1）使用传热单元法对冷凝器和蒸发器进行了数值模拟研究。建立数值模型，对冷凝器和蒸发器的不同流路布置形式的换热和阻力性能进行了计算。用本方法进行数值模拟时，计算速度要比传统的解热质平衡方程方法快得多。

（2）数值模拟结果表明，流路布置形式对空调换热器的影响较大。纯逆流布置方式是冷凝器中换热效果最好的。在制冷剂质量流量和换热面积不改变的前提下，换热温差越大，则换热效果越好。混合流动布置形式换热量较好，压降也比较小。综上所述，这两种布置形式作为冷凝器使用时，推荐使用。

（3）本章开发的模拟方法还可以推广用来模拟其它复杂布置形式，如多排管组合管径布置形式等。同时模拟程序还可以在流路布置中使用内螺纹管对换热性能进行强化，更进一步地可以模拟将翅片结构、管内结构以及流路布置结合起来布置的换热器。

（4）开发了组合管径换热设备流路设计计算软件，可以对各种复杂的流路布置方式进行数值模拟计算。数值模拟方法可以实现不用改变换热器设备和模具，只通过流路就能提高换热器的整体性能。其具有良好的易用性和可扩展性，能够大大提高换热器设计的效率，降低产品开发成本，对方便快捷地优化设计换热器有很大的帮助，具有很高的使用价值。

（5）以两个实际应用的空调换热器流路设计为例，分别为 5 排 90 根管和 2 排 64 根管的冷凝器，在结构参数和运行参数不变的情况下进行了流路的优化设计。经过流路优化设计后，换热量基本不变，而压降、阻力均有明显的下降，实现了低阻高效的目的。

参 考 文 献

［1］政府白皮书. 中国的能源状况与政策［M］. 北京：中华人民共和国国务院新闻办公室，2007.

［2］陈学俊，袁丹庆. 能源工程［M］. 西安：西安交通大学出版社，2007.

［3］英国石油公司. BP 世界能源统计 2012［M］. 伦敦：英国石油公司，2012.

［4］国家能源局. 国家能源科技"十二五"规划（2011—2015）［M］，2011.

［5］杨世铭，陶文铨. 传热学. 4 版［M］. 北京：高等教育出版社，2010.

［6］陶文铨，何雅玲. 对流换热及其强化换热的理论与实验研究最新进展［M］. 北京：高等教育出版社，2005.

［7］顾维藻，神家锐，马重芳，等. 强化传热［M］. 北京：科学出版社，1990.

［8］Bergles AE. ExHFT for fourth generation heat transfer technology［J］. Experimental Thermal and Fluid Science, 2002, 26 (2 – 4)：335 – 344.

［9］Bergles AE. Some perspectives on enhanced heat transfer-2nd generation heat transfer technology［J］. Journal of Heat Transfer-Transactions of the ASME, 1988, 110 (4B)：1082 – 1096.

［10］Bergles AE. 2nd generation heat transfer technology［J］. ASHRAE Transactions, 1992, 34 (2)：48 – 48.

［11］Bergles AE. Heat transfer enhancement-The maturing of second-generation heat transfer technology［J］. Heat Transfer Engineering, 1997, 18 (1)：47 – 55.

［12］Bergles AE. Heat transfer enhancement-The encouragement and accommodation of high heat fluxes［J］. Journal of Heat Transfer-Transactions of the ASME, 1997, 119(1)：8 – 19.

［13］Bergles AE. Toward fourth-generation heat transfer technology［J］. HVAC&R Research, 1998, 4 (2)：117 – 118.

［14］Bergles AE. Enhanced heat transfer：Endless frontier, or mature and routine［J］. Journal of Enhanced Heat Transfer, 1999, 6 (2 – 4)：79 – 88.

［15］Webb RL，Bergles AE. Heat transfer enhancement-2nd generation technology［J］. Mechanical Engineering, 1983, 105 (6)：60 – 67.

［16］Zimparov V. Prediction of friction factors and heat transfer coefficients for turbulent flow in corrugated tubes combined with twisted tape inserts. Part 2：heat transfer coefficients［J］. International Journal of Heat and Mass Transfer, 2004, 47 (2)：385 –393.

［17］Zimparov V. Prediction of friction factors and heat transfer coefficients for turbulent flow in corrugated tubes combined with twisted tape inserts. Part 1：friction factors

[J]. International Journal of Heat and Mass Transfer, 2004, 47 (3): 589 – 599.

[18] Promvonge P, Eiamsa-ard S. Heat transfer behaviors in a tube with combined conical-ring and twisted-tape insert[J]. International Communications in Heat and Mass Transfer, 2007, 34 (7): 849 – 859.

[19] Liao Q, Xin MD. Augmentation of convective heat transfer inside tubes with three-dimensional internal extended surfaces and twisted-tape inserts [J]. Chemical Engineering Journal, 2000, 78 (2 – 3): 95 – 105.

[20] McQuiston FC, Tree DR. Heat transfer and flow friction data for two fin-tube surfaces[J]. Journal of Heat Transfer-Transactions of the ASME, 1971, 93 (2): 249 – 252.

[21] Rich DG. Efficiency and thermal resistance of annular and rectangular fins[J]. Chemical Engineering Progress, 1966, 62 (8): 81 – 85.

[22] Rich DG. Effect of fin spacing on heat transfer and friction performance of multi-row, smooth plate fin and tube heat exchangers[J]. ASHRAE Transactions, 1973, 15 (5): 31 – 35.

[23] Rich DG. The effect of the number of tube rows on heat transfer performance of smooth plate fin-and-tube heat exchangers [J]. ASHRAE Transactions, 1975, 81(1): 307 – 317.

[24] McQuiston FC. Correlation of heat, mass and momentum transport coefficients for plate-fin-tube heat transfer surfaces with staggered tubes [J]. ASHRAE Transactions, 1978, 84 (1): 294 – 309.

[25] McQuiston FC. Finned tube heat exchangers: state of the art for the air side[C], 1980: 14 – 15.

[26] Kayansayan N. Heat transfer characterization of flat plain fins and round tube heat exchangers[J]. Experimental Thermal and Fluid Science, 1993, 6 (3): 263 – 272.

[27] Kayansayan N. Heat transfer characterization of plate fin-tube heat exchangers[J]. Heat Recovery Systems & Chp, 1993, 13 (1): 67 – 77.

[28] Kayansayan N. Heat transfer characterization of plate fin-tube heat exchangers[J]. International Journal of Refrigeration, 1994, 17 (1): 49 – 57.

[29] Jang JY, Wu MC, Chang WJ. Numerical and experimental studies of threedimensional plate-fin and tube heat exchangers[J]. International Journal of Heat and Mass Transfer, 1996, 39 (14): 3057 – 3066.

[30] Wang CC, Chang YJ, Hsieh YC, et al. Sensible heat and friction characteristics of plate fin-and-tube heat exchangers having plane fins[J]. International Journal of Refrigeration, 1996, 19 (4): 223 – 230.

[31] Rocha LAO, Saboya FEM, Vargas JVC. A comparative study of elliptical and

circular sections in one-and two-row tubes and plate fin heat exchangers[J]. International Journal of Heat and Fluid Flow, 1997, 18 (2): 247 - 252.

[32] Romero-Méndez R, Sen M, Yang KT, et al. Effect of tube-to-tube conduction on plate-fin and tube heat exchanger performance[J]. International Journal of Heat and Mass Transfer, 1997, 40 (16): 3909 - 3916.

[33] Romero-Méndez R, Sen M, Yang KT, et al. Effect of fin spacing on convection in a plate fin and tube heat exchanger[J]. International Journal of Heat and Mass Transfer, 2000, 43 (1): 39 - 51.

[34] Wang CC, Chi KY. Heat transfer and friction characteristics of plain fin-and-tube heat exchangers, part I: new experimental data[J]. International Journal of Heat and Mass Transfer, 2000, 43 (15): 2681 - 2691.

[35] Wang CC, Chi KY, Chang CJ. Heat transfer and friction characteristics of plain fin-and-tube heat exchangers, part II: Correlation[J]. International Journal of Heat and Mass Transfer, 2000, 43 (15): 2693 - 2700.

[36] Webb RL. Air-side heat transfer correlations for flat and wavy plate fin-and-tube geometries[J]. ASHRAE Transactions, 1990, 96 (2): 445 - 449.

[37] Beecher D, Fagan T. Effects of fin pattern on the air side heat transfer coefficient in plate finned tube heat exchangers[C], 1987.

[38] Kim NH, Yun JH, Webb RL. Heat transfer and friction correlations for wavy plate fin-and-tube heat exchangers[J]. Journal of Heat Transfer-Transactions of the ASME, 1997, 119 (3): 560 - 567.

[39] Wang CC, Fu WL, Chang CT. Heat transfer and friction characteristics of typical wavy fin-and-tube heat exchangers[J]. Experimental Thermal and Fluid Science, 1997, 14 (2): 174 - 186.

[40] Wang CC, Tsai YM, Lu DC. Comprehensive study of convex-louver and wavy fin-and-tube heat exchangers[J]. Journal of Thermophysics and Heat Transfer, 1998, 12 (3): 423 - 430.

[41] Wang CC, Chang JY, Chiou NF. Effects of waffle height on the air-side performance of wavy fin-and-tube heat exchangers[J]. Heat Transfer Engineering, 1999, 20 (3): 45 - 56.

[42] Wang CC, Jang JY, Chiou NF. A heat transfer and friction correlation for wavy fin-and-tube heat exchangers[J]. International Journal of Heat and Mass Transfer, 1999, 42 (10): 1919 - 1924.

[43] Wang CC, Tao WH, Du YJ. Effect of waffle height on the air-side performance of wavy fin-and-tube heat exchangers under dehumidifying conditions[J]. Heat Transfer Engineering, 2000, 21 (5): 17 - 26.

[44] Wang CC, Hwang YM, Lin YT. Empirical correlations for heat transfer and flow friction characteristics of herringbone wavy fin-and-tube heat exchangers [J]. International Journal of Refrigeration, 2002, 25 (5): 673 – 680.

[45] Tao YB, He YL, Wu ZG, et al. Three-dimensional numerical study and field synergy principle analysis of wavy fin heat exchangers with elliptic tubes[J]. International Journal of Heat and Fluid Flow, 2007, 28 (6): 1531 – 1544.

[46] Cheng YP, Lee TS, Low HT. Numerical prediction of periodically developed fluid flow and heat transfer characteristics in the sinusoid wavy fin-and-tube heat exchanger[J]. International Journal of Numerical Methods for Heat & Fluid Flow, 2009, 19 (6 – 7): 728 – 744.

[47] Nakayama W, Xu L. Enhanced fins for air-cooled heat exchangers: heat transfer and friction correlations[C], 1983: 495 – 502.

[48] Wang CC, Tao WH, Chang CJ. An investigation of the airside performance of the slit fin-and-tube heat exchangers[J]. International Journal of Refrigeration, 1999, 22(8): 595 – 603.

[49] Wang CC, Lee WS, Sheu WJ. A comparative study of compact enhanced fin-and-tube heat exchangers [J]. International Journal of Heat and Mass Transfer, 2001, 44(18): 3565 – 3573.

[50] Du YJ, Wang CC. An experimental study of the airside performance of the superslit fin-and-tube heat exchangers[J]. International Journal of Heat and Mass Transfer, 2000, 43 (24): 4475 – 4482.

[51] Wang CC, Lee CJ, Chang CT, et al. Heat transfer and friction correlation for compact louvered fin-and-tube heat exchangers[J]. International Journal of Heat and Mass Transfer, 1999, 42 (11): 1945 – 1956.

[52] Wang CC, Lin YT, Lee CJ. Heat and momentum transfer for compact louvered fin-and-tube heat exchangers in wet conditions[J]. International Journal of Heat and Mass Transfer, 2000, 43 (18): 3443 – 3452.

[53] Qu ZG, Tao WQ, He YL. Three-dimensional numerical simulation on laminar heat transfer and fluid flow characteristics of strip fin surface with x-arrangement of strips [J]. Journal of Heat Transfer-Transactions of the ASME, 2004, 126 (5): 697 – 707.

[54] Tao WQ, Cheng YP, Lee TS. 3D numerical simulation on fluid flow and heat transfer characteristics in multistage heat exchanger with slit fins[J]. Heat and Mass Transfer, 2007, 44 (1): 125 – 136.

[55] Schubauer GB, Spangenberg WG. Forced mixing in boundary layers[J]. Journal of Fluid Mechanics, 1960, 8 (1): 10 – 32.

[56] Johnson TR, Joubert PN. Influence of vortex generators on drag and heat transfer

from a circular cylinder normal to an airstream[J]. Journal of Heat Transfer, 1969, 91 (1): 91 – 99.

[57] Eibeck PA, Eaton JK. Heat transfer effects of a longitudinal vortex embedded in a turbulent boundary-layer[J]. Journal of Heat Transfer-Transactions of the ASME, 1987, 109 (1): 16 – 24.

[58] Kataoka K, Doi H, Komai T. Heat mass transfer in taylor vortex flow with constant axial flow rate[J]. International Journal of Heat and Mass Transfer, 1977, 20 (1): 57 – 63.

[59] Mehta RD, Bradshaw P. Longitudinal vortices imbedded in turbulent boundary-layers. part2: Vortex pair with common flow upwards [J]. Journal of Fluid Mechanics, 1988, 188: 529 – 546.

[60] Pauley WR, Eaton JK. Experimental study of the development of longitudinal vortex pairs embedded in a turbulent boundary-layer[J]. AIAA Journal, 1988, 26 (7): 816 – 823.

[61] Shabaka IMA, Mehta RD, Bradshaw P. Longitudinal vortices imbedded in turbulent boundary-layers. part 1: Single Vortex[J]. Journal of Fluid Mechanics, 1985, 155 (Jun): 37 – 57.

[62] Shizawa T, Eaton JK. Turbulence measurements for a longitudinal vortex Interacting with a 3-dimensional turbulent boundary-layer[J]. AIAA Journal, 1992, 30 (1): 49 – 55.

[63] Fiebig M, Kallweit P, Mitra N, et al. Heat transfer enhancement and drag by longitudinal vortex generators in channel flow[J]. Experimental Thermal and Fluid Science, 1991, 4 (1): 103 – 114.

[64] Biswas G, Chattopadhyay H. Heat transfer in a channel with built-in wing-type vortex generators[J]. International Journal of Heat and Mass Transfer, 1992, 35 (4): 803 – 814.

[65] Tiggelbeck S, Mitra N, Fiebig M. Flow structure and heat transfer in a channel with multiple longitudinal vortex generators[J]. Experimental Thermal and Fluid Science, 1992, 5 (4): 425 – 436.

[66] Brockmeier U, Guentermann TH, Fiebig M. Performance evaluation of a vortex generator heat transfer surface and comparison with different high performance surfaces[J]. International Journal of Heat and Mass Transfer, 1993, 36 (10): 2575 – 2587.

[67] Tiggelbeck S, Mitra NK, Fiebig M. Experimental investigations of heat transfer enhancement and flow losses in a channel with double rows of longitudinal vortex generators[J]. International Journal of Heat and Mass Transfer, 1993, 36 (9):

2327 -2337.

[68] Zhu JX, Fiebig M, Mitra NK. Comparison of numerical and experimental results for a turbulent-flow field with a longitudinal vortex pair [J]. Journal of Fluids Engineering-Transactions of the ASME, 1993, 115 (2): 270 - 274.

[69] Zhu JX, Mitra NK, Fiebig M. Effects of longitudinal vortex generators on heat transfer and flow loss in turbulent channel flows[J]. International Journal of Heat and Mass Transfer, 1993, 36 (9): 2339 - 2347.

[70] Tiggelbeck S, Mitra NK, Fiebig M. Comparison of wing-type vortex generators for heat transfer enhancement in channel flows [J]. Journal of Heat Transfer-Transactions of the ASME, 1994, 116 (4): 880 - 885.

[71] Deb P, Biswas G, Mitra NK. Heat transfer and flow structure in laminar and turbulent flows in a rectangular channel with longitudinal vortices[J]. International Journal of Heat and Mass Transfer, 1995, 38 (13): 2427 - 2444.

[72] Fiebig M. Embedded vortices in Internal flow-heat transfer and pressure loss enhancement[J]. International Journal of Heat and Fluid Flow, 1995, 16 (5): 376 - 388.

[73] Lau S. Experimental study of the turbulent flow in a channel with periodically arranged longitudinal vortex generators [J]. Experimental Thermal and Fluid Science, 1995, 11 (3): 255 - 261.

[74] Zhu JX, Fiebig M, Mitra NK. Numerical investigation of turbulent flows and heat transfer in a rib-roughened channel with longitudinal vortex generators [J]. International Journal of Heat and Mass Transfer, 1995, 38 (3): 495 - 501.

[75] Biswas G, Torii K, Fujii D, et al. Numerical and experimental determination of flow structure and heat transfer effects of longitudinal vortices in a channel flow[J]. International Journal of Heat and Mass Transfer, 1996, 39 (16): 3441 - 3451.

[76] Lau S, Meiritz K, Ram VIV. Measurement of momentum and heat transport in the turbulent channel flow with embedded longitudinal vortices[J]. International Journal of Heat and Fluid Flow, 1999, 20 (2): 128 - 141.

[77] Liou TM, Chen CC. Heat transfer and fluid flow in a square duct with 12 different shaped vortex generators[J]. Journal of Heat Transfer-Transactions of the ASME, 2000, 122 (2): 327 - 335.

[78] Yang JS, Seo JK, Lee KB. A numerical analysis on flow field and heat transfer by interaction between a pair of vortices in rectangular channel flow[J]. Current Applied Physics, 2001, 1 (4 - 5): 393 - 405.

[79] Gentry MC, Jacobi AM. Heat transfer enhancement by delta-wing-generated tip vortices in flat-plate and developing channel flows[J]. Journal of Heat Transfer-

Transactions of the ASME, 2002, 124 (6): 1158 - 1168.

[80] Tuh JL, Lin TF. Structure of mixed convective longitudinal vortex air flow driven by a heated circular plate embedded in the bottom of a horizontal flat duct[J]. International Journal of Heat and Mass Transfer, 2003, 46 (8): 1341 - 1357.

[81] Hiravennavar SR, Tulapurkara EG, Biswas G. A note on the flow and heat transfer enhancement in a channel with built-in winglet pair[J]. International Journal of Heat and Fluid Flow, 2007, 28 (2): 299 - 305.

[82] Sohankar A. Heat transfer augmentation in a rectangular channel with a vee-shaped vortex generator[J]. International Journal of Heat and Fluid Flow, 2007, 28 (2): 306 - 317.

[83] Wang QW, Chen QY, Wang L, et al. Experimental study of heat transfer enhancement in narrow rectangular channel with longitudinal vortex generators[J]. Nuclear Engineering and Design, 2007, 237 (7): 686 - 693.

[84] Li XW, Yan H, Meng JA, et al. Visualization of longitudinal vortex flow in an enhanced heat transfer tube[J]. Experimental Thermal and Fluid Science, 2007, 31(6): 601 - 608.

[85] Sarac BA, Bali T. An experimental study on heat transfer and pressure drop characteristics of decaying swirl flow through a circular pipe with a vortex generator [J]. Experimental Thermal and Fluid Science, 2007, 32 (1): 158 - 165.

[86] Kurtbas I, Gulcimen F, Akbulut A, et al. Heat transfer augmentation by swirl generators inserted into a tube with constant heat flux [J]. International Communications in Heat and Mass Transfer, 2009, 36 (8): 865 - 871.

[87] Fiebig M, Valencia A, Mitra NK. Wing-type vortex generators for fin-and-tube heat exchangers[J]. Experimental Thermal and Fluid Science, 1993, 7 (4): 287 - 295.

[88] Biswas G, Mitra NK, Fiebig M. Heat transfer enhancement in fin-tube heat exchangers by winglet type vortex generators[J]. International Journal of Heat and Mass Transfer, 1994, 37 (2): 283 - 291.

[89] Fiebig M. Vortex generators for compact heat exchangers[J]. Journal of Enhanced Heat Transfer, 1995, 2 (1 - 2): 43 - 61.

[90] Jacobi AM, Shah RK. Heat transfer surface enhancement through the use of longitudinal vortices-a review of recent progress[J]. Experimental Thermal and Fluid Science, 1995, 11 (3): 295 - 309.

[91] Gentry MC, Jacobi AM. Heat transfer enhancement by delta-wing vortex generators on a flat plate: Vortex interactions with the boundary layer[J]. Experimental Thermal and Fluid Science, 1997, 14(3): 231 - 242.

[92] Nakabe K, Inaoka K, Ai T, et al. Flow visualization of longitudinal vortices induced by an

inclined impinging jet in a crossflow-Effective cooling of high temperature gas turbine blades [J]. Energy Conversion and Management, 1997, 38 (10 – 13): 1145 – 1153.

[93] Chen Y, Fiebig M, Mitra NK. Heat transfer enhancement of a finned oval tube with punched longitudinal vortex generators in-line[J]. International Journal of Heat and Mass Transfer, 1998, 41 (24): 4151 – 4166.

[94] Chen Y, Fiebig M, Mitra NK. Conjugate heat transfer of a finned oval tube with a punched longitudinal vortex generator in form of a delta winglet-parametric investigations of the winglet[J]. International Journal of Heat and Mass Transfer, 1998, 41(23): 3961 – 3978.

[95] Chen Y, Fiebig M, Mitra NK. Heat transfer enhancement of finned oval tubes with staggered punched longitudinal vortex generators[J]. International Journal of Heat and Mass Transfer, 2000, 43 (3): 417 – 435.

[96] Torii K, Kwak KM, Nishino K. Heat transfer enhancement accompanying pressure-loss reduction with winglet-type vortex generators for fin-tube heat exchangers[J]. International Journal of Heat and Mass Transfer, 2002, 45 (18): 3795 – 3801.

[97] Wang CC, Lo J, Lin YT, et al. Flow visualization of wave-type vortex generators having inline fin-tube arrangement [J]. International Journal of Heat and Mass Transfer, 2002, 45 (9): 1933 – 1944.

[98] Wang CC, Lo J, Lin YT, et al. Flow visualization of annular and delta winlet vortex generators in fin-and-tube heat exchanger application[J]. International Journal of Heat and Mass Transfer, 2002, 45 (18): 3803 – 3815.

[99] Wang LB, Ke F, Gao SD, et al. Local and average characteristics of heat/mass transfer over flat tube bank fin with four vortex generators per tube[J]. Journal of Heat Transfer-Transactions of the ASME, 2002, 124 (3): 546 – 552.

[100] Dupont F, Gabillet C, Bot P. Experimental study of the flow in a compact heat exchanger channel with embossed-type vortex generators[J]. Journal of Fluids Engineering-Transactions of the ASME, 2003, 125 (4): 701 – 709.

[101] Smotrys ML, Ge H, Jacobi AM, et al. Flow and heat transfer behavior for a vortex-enhanced interrupted fin[J]. Journal of Heat Transfer-Transactions of the ASME, 2003, 125 (5): 788 – 794.

[102] Leu JS, Wu YH, Jang HY. Heat transfer and fluid flow analysis in plate-fin and tube heat exchangers with a pair of block shape vortex generators[J]. International Journal of Heat and Mass Transfer, 2004, 47 (19 – 20): 4327 – 4338.

[103] O'Brien JE, Sohal MS, Wallstedt PC. Local heat transfer and pressure drop for finned-tube heat exchangers using oval tubes and vortex generators[J]. Journal of Heat Transfer-Transactions of the ASME, 2004, 126 (5): 826 – 835.

[104] Zhang YH, Wang LB, Ke F, et al. The effects of span position of winglet vortex generator on local heat/mass transfer over a three-row flat tube bank fin[J]. Heat and Mass Transfer, 2004, 40 (11): 881 – 891.

[105] Kwak KM, Torii K, Nishino K. Simultaneous heat transfer enhancement and pressure loss reduction for finned-tube bundles with the first or two transverse rows of built-in winglets[J]. Experimental Thermal and Fluid Science, 2005, 29 (5): 625 – 632.

[106] O'Brien JE, Sohal MS. Heat transfer enhancement for finned-tube heat exchangers with winglets[J]. Journal of Heat Transfer-Transactions of the ASME, 2005, 127 (2): 171 – 178.

[107] Pesteei SM, Subbarao PMV, Agarwal RS. Experimental study of the effect of winglet location on heat transfer enhancement and pressure drop in fin-tube heat exchangers[J]. Applied Thermal Engineering, 2005, 25 (11 – 12): 1684 – 1696.

[108] Sommers AD, Jacobi AM. Air-side heat transfer enhancement of a refrigerator evaporator using vortex generation[J]. International Journal of Refrigeration, 2005, 28(7): 1006 – 1017.

[109] Chomdee S, Kiatsiriroat T. Enhancement of air cooling in staggered array of electronic modules by integrating delta winglet vortex generators[J]. International Communications in Heat and Mass Transfer, 2006, 33 (5): 618 – 626.

[110] Ferrouillat S, Tochon P, Garnier C, et al. Intensification of heat-transfer and mixing in multifunctional heat exchangers by artificially generated streamwise vorticity[J]. Applied Thermal Engineering, 2006, 26 (16): 1820 – 1829.

[111] Sanders PA, Thole KA. Effects of winglets to augment tube wall heat transfer in louvered fin heat exchangers[J]. International Journal of Heat and Mass Transfer, 2006, 49 (21 – 22): 4058 – 4069.

[112] Allison CB, Dally BB. Effect of a delta-winglet vortex pair on the performance of a tube-fin heat exchanger[J]. International Journal of Heat and Mass Transfer, 2007, 50 (25 – 26): 5065 – 5072.

[113] Joardar A, Jacobi AM. A numerical study of flow and heat transfer enhancement using an array of delta-winglet vortex generators in a fin-and-tube heat exchanger[J]. Journal of Heat Transfer-Transactions of the ASME, 2007, 129 (9): 1156 – 1167.

[114] Wu JM, Tao WQ. Investigation on laminar convection heat transfer in fin-and-tube heat exchanger in aligned arrangement with longitudinal vortex generator from the viewpoint of field synergy principle[J]. Applied Thermal Engineering, 2007, 27 (14 – 15): 2609 – 2617.

[115] Joardar A, Jacobi AM. Heat transfer enhancement by winglet-type vortex generator

arrays in compact plain-fin-and-tube heat exchangers[J]. International Journal of Refrigeration，2008，31（1）：87－97.

[116] Lawson MJ，Thole KA. Heat transfer augmentation along the tube wall of a louvered fin heat exchanger using practical delta winglets[J]. International Journal of Heat and Mass Transfer，2008，51（9－10）：2346－2360.

[117] Zhang YH，Wu X，Wang LB，et al. Comparison of heat transfer performance of tube bank fin with mounted vortex generators to tube bank fin with punched vortex generators[J]. Experimental Thermal and Fluid Science，2008，33（1）：58－66.

[118] Chu P，He YL，Lei YG，et al. Three-dimensional numerical study on fin-and-oval-tube heat exchanger with longitudinal vortex generators [J]. Applied Thermal Engineering，2009，29（5－6）：859－876.

[119] Chu P，He YL，Tao WQ. Three-dimensional numerical study of flow and heat transfer enhancement using vortex generators in fin-and-tube heat exchangers[J]. Journal of Heat Transfer-Transactions of the ASME，2009，131（9）.

[120] Tian LT，He YL，Tao YB，et al. A comparative study on the air-side performance of wavy fin-and-tube heat exchanger with punched delta winglets in staggered and in-line arrangements[J]. International Journal of Thermal Sciences，2009，48（9）：1765－1776.

[121] Lei YG，He YL，Tian LT，et al. Hydrodynamics and heat transfer characteristics of a novel heat exchanger with delta-winglet vortex generators［J］. Chemical Engineering Science，2010，65（5）：1551－1562.

[122] 洪荣华. 内螺纹强化管传热和阻力特性[J]. 工程热物理学报，2008，29（1）.

[123] 谭盈科. 强化传热管[J]. 化工炼油机械，1984，13（5）：15－24.

[124] 崔海亭，彭培英. 强化传热新技术及其应用[M]. 北京：化学工业出版社，2006.

[125] 陈听宽. 对流受热面传热强化研究进展[J]. 工业锅炉，2004，84（2）：1－7.

[126] Barba A，Rainieri S，Spiga M. Heat transfer enhancement in a corrugated tube[J]. International Communications in Heat and Mass Transfer，2002，29（3）：313－322.

[127] Ewing ME，Arnold JA，Vittal M，et al. Experimental investigation of frictional pressure drop for two-phase flow inside spirally fluted tubes[J]. Heat Transfer Engineering，1997，18（4）：35－48.

[128] Garimella S，Christensen RN. Heat transfer and pressure drop characteristics of spirally fluted annuli. I. Hydrodynamics[J]. Journal of Heat Transfer，1995，117（1）：54－60.

[129] Garimella S，Christensen RN. Heat transfer and pressure drop characteristics of spirally fluted annuli. II. Heat transfer[J]. Journal of Heat Transfer，1995，117（1）：61－68.

[130] Garimella S, Christensen RN. Performance evaluation of spirally fluted annuli: Geometry and flow regime effects[J]. Heat Transfer Engineering, 1997, 18 (1): 34 -46.

[131] Kang YT, Christensen RN. The effect of fluid property variations on heat transfer in annulus side of a spirally fluted tube[J]. Journal of Enhanced Heat Transfer, 2000, 7 (1): 1 - 9.

[132] Obot NT, Esen EB, Snell KH, et al. Pressure-drop and heat-transfer chanracteristics for air-flow through spiraly fluted tubes [J]. International Communications in Heat and Mass Transfer, 1992, 19 (1): 41 - 50.

[133] Rainieri S, Pagliarini G. Convective heat transfer to temperature dependent property fluids in the entry region of corrugated tubes[J]. International Journal of Heat and Mass Transfer, 2002, 45 (22): 4525 - 4536.

[134] Rozzi S, Massini R, Paciello G, et al. Heat treatment of fluid foods in a shell and tube heat exchanger: Comparison between smooth and helically corrugated wall tubes[J]. Journal of Food Engineering, 2007, 79 (1): 249 - 254.

[135] 徐建民. 波节管管内流动和传热的数值模拟[J]. 石油化工设备, 2008, 37 (1): 4 -7.

[136] 邱广涛, 丰艳春. 波纹管式换热器(一): 起源、现状与发展[J]. 管道技术与设备, 1998, (1).

[137] 丰艳春, 邱广涛. 波纹管式换热器(二): 在国民经济中的应用[J]. 管道技术与设备, 1998, (2).

[138] 丰艳春, 邱广涛, 方强. 波纹管式换热器(三): 强化传热机理[J]. 管道技术与设备, 1998, (3).

[139] Wang CC, Chen CK. Forced convection in micropolar fluid flow through a wavy-wall channel[J]. Numerical Heat Transfer Part a-Applications, 2005, 48 (9): 879 - 900.

[140] Habib MA, Ul-Haq I, Badr HM, et al. Calculation of turbulent flow and heat transfer in periodically converging-diverging channels[J]. Computers & Fluids, 1998, 27 (1): 95 - 120.

[141] Russ G, Beer H. Heat transfer and flow field in a pipe with sinusoidal wavy surface-II. Experimental investigation [J]. International Journal of Heat and Mass Transfer, 1997, 40 (5): 1071 - 1081.

[142] Russ G, Beer H. Heat transfer and flow field in a pipe with sinusoidal wavy surface-I. Numerical investigation[J]. International Journal of Heat and Mass Transfer, 1997, 40 (5): 1061 - 1070.

[143] 卿德藩. 扭曲扁管冷凝器强化传热及污垢特性实验研究[J]. 制冷学报, 2007, 28(6): 47 - 50.

[144] САвищки ИК. Расчетно еоретическое исс-епование возлушных конпенсаторов с разл-ичными схемами пвижения хлатента н воэпуха[J]. хополипьная техника，1986，9：33－40.

[145] Liang SY，Wong TN，Nathan GK. Study on refrigerant circuitry of condenser coils with exergy destruction analysis[J]. Applied Thermal Engineering，2000，20：559－577.

[146] Wang CC，Jang JY，Lai CC，et al. Effect of circuit arrangement on the performance of air-cooled Condensers[J]. International Journal of Refrigeration，1999，22：275－282.

[147] 张绍志，陈光明，王剑峰. 流程布置对非共沸制冷剂空冷冷凝器性能的影响[J]. FLUID MACHINERY，2001，29（1）.

[148] 郭进军. 管路流程布置对换热器性能影响的数值模拟及试验研究[D]. 西安：西安交通大学，2003.

[149] 陶文铨. 传热与流动问题的多尺度数值模拟：方法与应用[M]. 北京：科学出版社，2009.

[150] Webb RL. Performance evaluation criteria for use of enhanced heat transfer surfaces in heat exchanger design[J]. International Journal of Heat and Mass Transfer，1981，24（4）：715－726.

[151] Bejan A. Entropy generation through heat and fluid flow[M]. New York：Wiley，1982.

[152] Bejan A. Entropy generation minimization[M]. Boca Baton：CRC Press，1996.

[153] Lin WW，Lee DJ. Second-law analysis on a pin-fin array under crossflow[J]. International Journal of Heat and Mass Transfer，1997，40（8）：1937－1945.

[154] Lin WW，Lee DJ. Second-law analysis on a flat plate-fin array under crossflow[J]. International Communications in Heat and Mass Transfer，2000，27（2）：179－190.

[155] Zimparov V. Extended performance evaluation criteria for enhanced heat transfer surfaces：heat transfer through ducts with constant wall temperature[J]. International Journal of Heat and Mass Transfer，2000，43（17）：3137－3155.

[156] Zimparov V. Extended performance evaluation criteria for enhanced heat transfer surfaces：heat transfer through ducts with constant heat flux[J]. International Journal of Heat and Mass Transfer，2001，44（1）：169－180.

[157] Ko TH. Numerical investigation on laminar forced convection and entropy generation in a curved rectangular duct with longitudinal ribs mounted on heated wall[J]. International Journal of Thermal Sciences，2006，45（4）：390－404.

[158] Ko TH. A numerical study on entropy generation and optimization. for laminar forced convection in a rectangular curved duct with longitudinal ribs [J].

International Journal of Thermal Sciences, 2006, 45 (11): 1113 - 1125.

[159] Ko TH. A numerical study on developing laminar forced convection and entropy generation in half-and double-sine ducts [J]. International Journal of Thermal Sciences, 2007, 46 (12): 1275 - 1284.

[160] Taufiq BN, Masjuki HH, Mahlia TMI, et al. Second law analysis for optimal thermal design of radial fin geometry by convection [J]. Applied Thermal Engineering, 2007, 27 (8 - 9): 1363 - 1370.

[161] Ko TH, Wu CP. A numerical study on entropy generation induced by turbulent forced convection in curved rectangular ducts with various aspect ratios [J]. International Communications in Heat and Mass Transfer, 2009, 36 (1): 25 - 31.

[162] Bejan A. Second-law analysis in heat transfer and thermal design [M]. New York: Elsevier, 1982.

[163] Shah RK, Skiepko T. Entropy generation extrema and their relationship with heat exchanger effectiveness-Number of transfer unit behavior for complex flow arrangements [J]. Journal of Heat Transfer-Transactions of the ASME, 2004, 126 (6): 994 - 1002.

[164] Guo ZY, Li DY, Wang BX. A novel concept for convective heat transfer enhancement [J]. International Journal of Heat and Mass Transfer, 1998, 41 (14): 2221 - 2225.

[165] 过增元. 对流换热的物理机理及其控制: 速度场与热流场的协同 [J]. 科学通报, 2000, 45 (19): 2118 - 2122.

[166] Tao WQ, Guo ZY, Wang BX. Field synergy principle for enhancing convective heat transfer-its extension and numerical verifications [J]. International Journal of Heat and Mass Transfer, 2002, 45 (18): 3849 - 3856.

[167] Tao WQ, He YL, Wang QW, et al. A unified analysis on enhancing single phase convective heat transfer with field synergy principle [J]. International Journal of Heat and Mass Transfer, 2002, 45 (24): 4871 - 4879.

[168] He YL, Wu M, Tao WQ, et al. Improvement of the thermal performance of pulse tube refrigerator by using a general principle for enhancing energy transport and conversion processes [J]. Applied Thermal Engineering, 2004, 24 (1): 79 - 93.

[169] Guo ZY, Tao WQ, Shah RK. The field synergy (coordination) principle and its applications in enhancing single phase convective heat transfer [J]. International Journal of Heat and Mass Transfer, 2005, 48 (9): 1797 - 1807.

[170] 何雅玲, 陶文铨. 强化单相对流换热的基本机制 [J]. 机械工程学报, 2009, 45 (3): 27 - 38.

[171] 何雅玲, 黄鹏波, 屈治国. 场协同理论在交变流动缝隙式回热器中的数值验证 [J].

工程热物理学报，2003，24（4）：649－651.

[172] 何雅玲，陶文铨. 场协同原理在强化换热与脉管制冷机性能改进中的应用（下）[J]. 西安交通大学学报，2002，36（11）：1106－1110.

[173] 何雅玲，陶文铨，吴明. 脉管制冷机性能数值模拟方法的研究进展及发展方向[J]. 工程热物理学报，2004，25（1）：9－12.

[174] 李志信，过增元. 对流传热优化的场协同理论[M]. 北京：科学出版社，2010.

[175] 程新广. 㶲及其在传热优化中的应用[D]. 北京：清华大学，2004.

[176] Guo ZY，Zhu HY，Liang XG. Entransy-A physical quantity describing heat transfer ability[J]. International Journal of Heat and Mass Transfer，2007，50（13－14）：2545－2556.

[177] 朱宏晔. 基于㶲耗散的最小热阻原理[D]. 北京：清华大学，2007.

[178] 陈群. 对流传递过程的不可逆性及其优化[D]. 北京：清华大学，2008.

[179] 柳雄斌. 换热器及散热通道网络热性能的㶲分析[D]. 北京：清华大学，2009.

[180] Fan JF，Ding WK，Zhang JF，et al. A performance evaluation plot of enhanced heat transfer techniques oriented for energy-saving[J]. International Journal Heat Mass Transfer，2009，52：33－44.

[181] Li Q，Flamant G，Yuan XG，et al. Compact heat exchangers：A review and future applications for a new generation of high temperature solar receivers[J]. enewable and Sustainable Energy Reviews，2011，15：4855－4875.

[182] 陶文铨. 数值传热学[M]. 西安：西安交通大学出版社，2001.

[183] 陶文铨. 计算传热学近代进展[M]. 背景：科学出版社，2000.

[184] Patankar SV. Numerical heat transfer and fluid flow[M]. New York：McGraw-Hill，1980.

[185] Rhosenow WM，Choi HY. Heat，mass and momentum transfer. Englewood Cliffs [M]. New Jersey：Prentive-Hill，1961.

[186] Shah RK，London AL. Advances in heat transfer：Laminar flow forced convection in ducts[M]. New York：Academic Press，1978.

[187] Fiebig M. Vortices，generators and heat transfer[J]. Chemical Engineering Research and Design，1998，76（2）：108－123.

[188] 阎浩峰，甘永平. 新型换热器与传热强化[M]. 北京：宇航出版社，1991.

[189] 朱聘冠. 换热器原理与计算[M]. 北京：清华大学出版社，1987.

[190] 秦叔经，叶文邦. 换热器[M]. 北京：化学工业出版社，2003.

[191] 朱冬生，钱颂文. 强化传热技术及其设计应用[J]. 化工装备技术，2000，6：3－11.

[192] Wickramasinghe SR，Han B，Garcia JD. Microporous membrane blood oxygenators [J]. AIChE Journal，2005，51（2）：656－670.

[193] Richardson EG. The transverse velocity gradient near the mouths of pipes in which

an alternating or continuous flow of air is established[J]. Proceedings of Physical Science, 1929, 15: 1 - 15.

[194] West FB, Taylor AT. The effect of pulsations on heat transfer[J]. Chemical Engineering Progress, 1952, 48: 39 - 43.

[195] Lemlich R. Vibration and pulsation boost heat transfer[J]. Chemical Engineering, 1961, 15: 171 - 176.

[196] Edwards MF, Wilkinson WL. Review of potential applications of pulsating flow in pipes[J]. Transaction of the Institution of Chemical Engineering, 1971, 49: 85 -94.

[197] Merkli P, Thomann H. Transition to turbulence in oscillating pipe flow[J]. Journal of Fluid Mechanics, 1975, 68: 567 - 575.

[198] Evans NA. Heat transfer though the unsteady laminar boundary layer on a semi-infinite flat plate Part I: Theoretical considerations[J]. International Journal of Heat and Mass Transfer, 1973, 16: 555 - 565.

[199] Evans NA. Heat transfer though the unsteady laminar boundary layer on a semi-infinite flat plate Part II: Experimental results form an oscillating plate[J]. International Journal of Heat and Mass Transfer, 1973, 16: 567 - 580.

[200] Beskok WTC. Arbitrary Lagrangian Eulerian Analysis of a Bidirectional Micro-Pump Using Spectral Elements[J]. International Journal of Computial Engineering Sciense, 2001, 2 (1): 43 - 57.

[201] Yi M, Bau HH, Hu H. A Peristaltic Meso-Scale Mixer[J]. ASME-IMECE, 2000, 2: 367 - 374.

[202] Jin DX, Lee YP, Lee DY. Effects of the pulsating flow agitation on the heat transfer in a triangular grooved channel[J]. International Journal Heat Mass Transfer, 2007, 50: 3062 - 3071.

[203] Kim SY, Kang BH, Hyun JM. Forced convection heat transfer from two heated blocks in pulsating channel flow[J]. International Journal Heat Mass Transfer, 1998, 41: 625 - 634.

[204] Cho HM, Hyun JM. Numberical solutions of pulsating flow and heat transfer characteristics in pipe[J]. International Journal of Heat and Fluid Flow, 1990, 11: 312 - 330.

[205] Mackley MR, Tweddle GM, Wyatt ID. Experimental heat transfer measurement s for pulsatile flow in baffled tubes[J]. Chemical Sciense Engineering, 1990, 45 (5): 1237 - 1242.

[206] Nishimura T, Ohori Y. Flow characteristics in a channel with symmetric wavy wall for steady flow[J]. Journal Chemical Engineering Japan, 1984, 17: 466 - 471.

[207] Nishimura T, Oka N, Yoshinaka Y. Influence of imposed oscillatory frequency on mass transfer enhancement of grooved channels for pulsatile flow[J]. International Journal Heat Mass Transfer, 2000, 43 (13): 2365 - 2374.

[208] Nishimura T, Kojima N. Mass transfer enhancement in a symmetric sinusoidal wavy-walled channel for pulsatile flow [J]. International Journal Heat Mass Transfer, 1995, 38 (10): 1719 - 1731.

[209] Nishimura T, Matsune S. Vortices and wall shear stresses in asymmetric and symmetric channels with sinusoidal wavy walls for pulsatile flow at low Reynolds Numbers[J]. International Journal Heat Fluid Flow, 1998, 19: 583 - 593.

[210] Nishimura T, Bian YN, Kunitsugu K. Mass-transfer enhancement in a wavy-walled tube by imposed fluid oscillation[J]. AIChE Journal, 2004, 50 (4): 762 - 770.

[211] Habib MA, Attya AM. Convective heat transfer characteristics of laminar pulsating pipe air flow[J]. Heat and Mass Transfer, 2002, 38: 221 - 232.

[212] Greiner M. An experimental investigation of resonant heat transfer heat transfer enhancement in grooved channels[J]. International Journal Heat Mass Transfer, 1991, 34: 1383 - 1391.

[213] 愈接成, 李志信. 环形内肋片圆管层流脉冲流动强化对流换热数值模拟分析[J]. 清华大学学报, 2005, 45 (8): 1091 - 1094.

[214] 杨卫卫, 何雅玲, 陶文铨, 等. 凹槽通道中脉动流动强化传质的数值研究[J]. 西安交通大学学报, 2004, 38 (11): 1119 - 1122.

[215] 何雅玲, 杨卫卫, 赵春凤, 等. 脉动流动强化换热的数值研究[J]. 工程热物理学报, 2008, 26 (3): 495 - 497.

[216] 郑军, 曾丹苓, 王萍, 等. 利用流体脉动强化换热的实验研究[J]. 热科学与技术, 2003, 9: 245 - 249.

[217] 胡玉生, 曾丹苓, 李友荣, 等. 恒壁温下管内流体脉动对流换热的数值模拟[J]. 35, 2006, 3 - 6.

[218] 谢公南, 王秋旺, 曾敏, 等. 渐扩渐缩波纹通道内脉动流的传热强化[J]. 高校化学工程学报, 2006, 20 (1): 31 - 35.

[219] 谢公南, 王秋旺, 曾敏, 等. 脉动参数对波纹通道内传热强化的影响[J]. 计算物理, 2006, 23 (6): 673 - 678.

[220] 贾宝菊, 孙发明, 卞永宁, 等. 波壁管内的脉动流动及传质强化的数值模拟[J]. 化工学报, 2009, 60 (1): 6 - 14.

[221] Bian YN, Jia BJ. Mass transfer characteristics in an axisymmetric wavy-walled tube for pulsatile flow with backward flow[J]. Heat and Mass Transfer, 2009, 45: 693 - 702.

[222] Greiner M, Fischer PF, Tufo H. Numerical simulations of resonant heat transfer

augmentation at low Reynolds numbers [J]. International Heat Transfer, 2002, 124: 1169-1175.

[223] Mackley MR, Stonestreet P. Heat transfer and associated energy dissipation for oscillatory flow in baffled tubes [J]. Chemical Engineering Sciense, 1995, 50: 2211-2224.

[224] 武俊梅. 纵向肋片和纵向涡强化自然和强制对流换热的研究[D]. 西安：西安交通大学, 2006.

[225] 刘聿拯, 袁益超, 徐世洋, 等. H形鳍片管束传热与阻力特性实验研究[J]. 上海理工大学学报, 2004, 26 (5): 457-460.

[226] 于新娜, 袁益超, 马有福, 等. H形翅片管束传热和阻力特性的试验与数值模拟[J]. 动力工程学报, 2010, 30 (6): 433-438.

[227] 张知翔, 王云刚, 赵钦新. H型鳍片管传热特性的数值模拟及验证[J]. 动力工程学报, 2010, 30 (5): 368-377.

[228] Jin Y, Tang GH, He YL, et al. Parametric study and field synergy principle analysis of H-type finned tube bank with 10 rows[J]. International Journal of Heat and Mass Transfer, 2013, 60: 241-251.

[229] Bunker RS, Donnellan KF. Heat transfer and friction factors for flows inside circular tubes with concavity surfaces [J]. ASME Journal of Turbomachinery, 2003, 125 (4): 665-672.

[230] Afanasyev VN, Chudnovsky YP, AI L. Turbulent flow friction and heat transfer characteristics for spherical cavities on a flat plat[J]. Experimental Thermal Fluid Science, 1993, 7: 1-8.

[231] Ligrani PM, Mahmood GI, Harrison JL, et al. Flow structure and local Nusselt number variations in a channel with dimples and protrusions on opposite walls[J]. International Journal of Heat and Mass Transfer, 2001, 44 (23): 4413-4425.

[232] Burgess NK, Oliveira MM, Ligrani PM. Nusselt number behavior on deep dimpled surfaces within a channel[J]. ASME Journal of Heat Transfer, 2003, 125 (1): 11-18.

[233] Hwang SD, Kwon HG, Cho HH. Heat transfer with dimple/protrusion arrays in a rectangular duct with a low Reynolds number range[J]. International Journal of Heat and Fluid Flow, 2008, 29 (4): 916-926.

[234] Chang SW, Chiang KF, Yang TL, et al. Heat transfer and pressure drop in dimpled fin channels[J]. Experimental Thermal and Fluid Science, 2008, 33 (1): 23-40.

[235] Traviss DP, Rohsenow WM, Baron AB. Forced-Convection Condensation Inside Tube: Head Tranfer Equation for Condenser Design[J]. ASHRAE Transactions, 1973.

[236] Turage M, Guy RW. Refrigerant Side Heat Transfer and Pressure Drop Estimates

for Direct Expansion Coils. A Review of Works in North American Use[J]. International Journal of Refrigerant, 1985, 8: 134 - 142.

[237] 周谟仁. 流体力学、泵和风机[M]. 北京: 中国建筑工业出版社, 1979.

[238] 彦启森. 空气调节用制冷技术[M]. 北京: 中国建筑工业出版社, 1985.

[239] Ita H. Friciton Factor for Turbulent Flow in Curved Pipes[J]. ASME Journal of Basic Engineering, 1959, 81: 123 - 129.